全国技工院校公共课教材

匠心逐梦

JIANGXIN ZHUMENG

U0875985

主编：陈顺华　崔　琪

参编：宦　平　孙兴伟

审稿：陈晓曦　蔡北勤

中国劳动社会保障出版社

图书在版编目（CIP）数据

匠心逐梦 / 陈顺华，崔琪主编. -- 北京：中国劳动社会保障出版社，2022
全国技工院校公共课教材
ISBN 978-7-5167-5353-8

Ⅰ. ①匠… Ⅱ. ①陈… ②崔… Ⅲ. ①职业道德－技工学校－教材
Ⅳ. ① B822.9

中国版本图书馆 CIP 数据核字 (2022) 第 128735 号

中国劳动社会保障出版社出版发行
（北京市惠新东街 1 号　邮政编码：100029）
*
北京市白帆印务有限公司印刷装订　　新华书店经销
787 毫米 × 1092 毫米　16 开本　9.25 印张　123 千字
2022 年 8 月第 1 版　　2022 年 8 月第 3 次印刷
定价：23.00 元

读者服务部电话：（010）64929211/84209101/64921644
营销中心电话：（010）64962347
出版社网址：http://www.class.com.cn
http://jg.class.com.cn

前言

这是一本讲述中国技能青年以匠心逐梦、凭技能成才、用技能报国的书。

技能人才是支撑中国制造、中国创造的重要力量，是联结技术创新与生产实践最核心、最基础的劳动要素。党的十八大以来，习近平总书记高度关注技能人才队伍建设，多次对技能人才工作作出重要指示，要求培养更多高素质技术技能人才、能工巧匠、大国工匠，为全面建设社会主义现代化国家、实现中华民族伟大复兴的中国梦提供有力的人才和技能支撑。

职业技能竞赛是培养和选拔技能人才的重要途径。习近平强调："职业技能竞赛为广大技能人才提供了展示精湛技能、相互切磋技艺的平台，对壮大技术工人队伍、推动经济社会发展具有积极作用。"从 20 世纪 50 年代的企业工人技术比赛、技能比武，到今天的行业职业技能竞赛、中华人民共和国职业技能大赛，再到世界技能大赛，广泛开展的技能竞赛，为优秀技能人才脱颖而出搭建了圆梦舞台。党的十八大以来，我国逐步构建起以世界技能大赛为引领、中华人民共和国职业技能大赛为龙头、全国行业职业技能竞赛和地方各级职业技能竞赛以及专项赛为主体、企业和院校职业技能比赛为基础的具有中国特色的职业技能竞赛体系，广泛开展各级各类职业技能竞赛活动，实现以赛促学、以赛促训、以赛促评、以赛促建。近年来，我国每年举办国家级一类大赛约10项、国家级二类竞赛70余项，竞赛人数达到上千万人次，涉及的竞赛职业工种有上百个。同时，各地区也结合实际组织开展了各级各类竞赛活动。2022年5月1日起施行的新修订的《中华人民共和国职业教育法》明确规定："国家采取措施，大力发展技工教育，全面提高产业工人素质。""国家通过组织开展职业技能竞赛等活动，为技术技能人才提供展示技能、切磋技艺的平台，持续培养更多高素质技术技能人才、能工巧匠和大国工匠。"

匠心助圆成才梦想，技能成就精彩人生。《匠心逐梦》这本书除绪论外，分为"技能有先锋""砥砺出英雄""强国需人才"三篇，共九课，介绍了数十位职业技能竞赛选手和专家的事迹。这些选手和专家的事迹接地气、可学习，他们是技工院校学生发展道路上的领路人、航道灯。希望技能学子们通过学习本书，能逐步养成顽强拼搏、积极进取的精神品格，不负党和国家对技能人才的关爱和厚望，坚定地走技能成才、技能报国之路。

编者
2022年6月

目 录

绪论：中国技能 开创未来

技术工人队伍是支撑中国制造、中国创造的重要力量。我国工人阶级和广大劳动群众要大力弘扬劳模精神、劳动精神、工匠精神，适应当今世界科技革命和产业变革的需要，勤学苦练、深入钻研，勇于创新、敢为人先，不断提高技术技能水平，为推动高质量发展、实施制造强国战略、全面建设社会主义现代化国家贡献智慧和力量。

——习近平

2020 年 12 月，广州海心沙亚运公园，璀璨的灯光照亮夜空，来自全国各地的技能前辈为 86 个项目的前三名选手颁发奖牌。

2019 年 8 月，俄罗斯喀山，一面面五星红旗接连在赛场升起，一声声“China”响彻世界，红色的海洋在现场翻涌。

2017 年 11 月，北京中南海，中央领导同志与载誉归来的技能健儿亲切会谈，谆谆嘱托，殷殷期盼，伴随着阵阵掌声回荡在会场，回荡在祖国大地上，回荡在技能青年心间。

举世瞩目，这些是怎样的比赛？以技立身，选手们选择了怎样的人生？

技能青年的盛会

职业技能竞赛是国家培养和选拔技能人才、推动技能事业不断发展的重要抓手。国家层次的职业技能竞赛和世界技能大赛在各级各类技能竞赛中居于顶端，都是为青年技能人才准备的盛会。近年来，一批批杰出的技能青年在职业技能竞赛的道路上脱颖而出。

中华人民共和国第一届职业技能大赛，是由人力资源社会保障部主办的全国性职业技能大赛。本届大赛以“新时代 新技能 新梦想”为主题，于 2020 年 12 月 10 日至 13 日在广州举行。本届大赛分为全国总决赛和省级（行业）及以下选拔赛。全国总决赛以省（区、市）及新疆生产建设兵团、相关行业部门为单位组建 36 支代表队参赛。大赛共有 86 个竞赛项目。除 23 个国赛精选项目外，其他项目参照世界技能大赛设置。大赛十分重视对青年人才的选拔，多数项目要求参赛选手年龄在 22 岁以下。

中华人民共和国第一届职业技能大赛是新中国成立以来，赛事规格最高、竞赛项目最多、参赛规模最大、技能水平最高、社会影响力最广泛的综合性国家职业技能大赛。本届大赛有 291 名选手获得 86 个项目的金牌、银牌、铜牌，1 010 名选手获得优胜奖。大赛成为全方位检验技能人才水平的练兵场，为各行各业的劳动者成长成才搭建了平台，让更多人意识到技能人才的价值及其对国家发展的重要意义，知晓技能人才前途光明、未来可期。

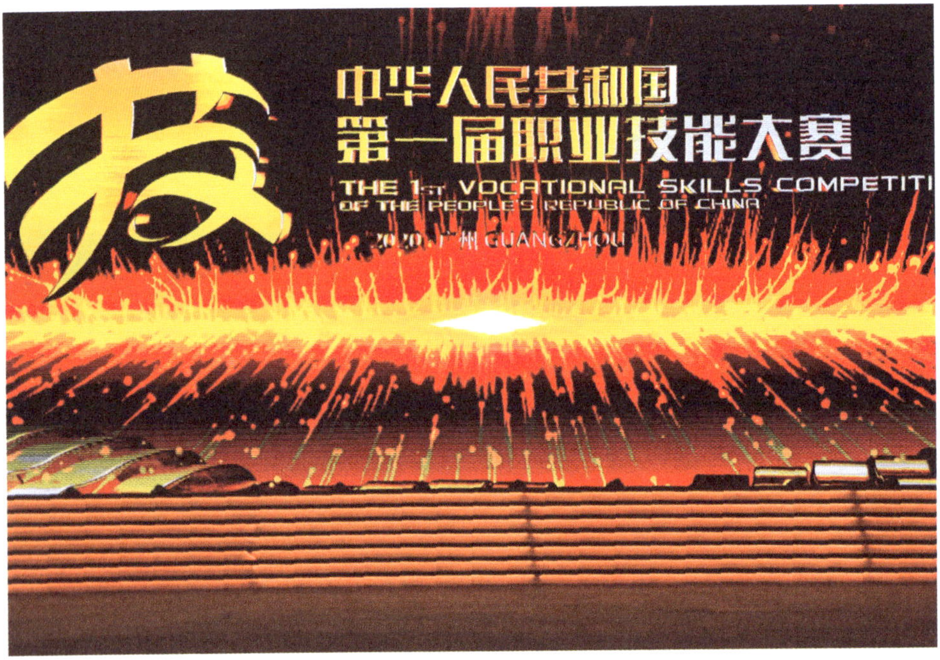

中华人民共和国第一届职业技能大赛

世界技能大赛是全球地位最高、规模最大、影响力最大的职业技能竞赛，代表了职业技能发展的世界先进水平，是世界技能组织成员展示和交流职业技能的重要平台，被誉为“世界技能奥林匹克”。世界技能大赛由世界技能组织举办，通常是每两年举办一届，截至 2019 年已举办 45 届。

世界技能大赛已经有 70 多年的历史。20 世纪 40 年代，西班牙人阿尔伯特·维达提出通过组织职业技能竞赛来激发年轻人学习技能的激情，并使人们相信：良好的技能训练可以为年轻人带来光明的未来。在他的倡导和带领下，西班牙与葡萄牙于 1950 年携手举办了第 1 届世界技能大赛，并创立了世界技能组织的前身——国际职业技能训练组织。很快，该组织吸引了很多国家和地区纷纷加入，世界技能大赛的规模也日益壮大。第 45 届世界技能大赛有来自 69

个国家和地区的 1 355 名选手参赛。这一赛事从诞生之日起，就与社会生产紧密联系，顺应了产业发展的潮流，为青年技能人才的发展提供了指引。

第 45 届世界技能大赛闭幕式

技能面面观

中华人民共和国第一届职业技能大赛的竞赛项目设置充分参考了世界技能大赛的设置。除国赛精选项目外，其余项目同世界技能大赛一样，涵盖了运输与物流、结构与建筑技术、制造与工程技术、信息与通信技术、创意艺术与时尚、社会及个人服务六大领域，兼顾了企业生产和社会生活需要的大多数职业工种。这样的项目设置能对接产业发展，反映职业发展状况，且具有一定的前瞻性和引领性。

与时俱进，技行天下

“少年强则国强。”百年前，梁启超就已喊出振聋发聩的声音。当代，中国产业的发展、技能的进步，要看技能青年的成长。新中国成立以来，特别是改革开放之后，党和政府十分重视青年技能人才的培养，很多技能青年或被派往国外交流学习或参加当地的工程建设。各种国际职业技能竞赛对促进技能交流互鉴、推动国内技能事业发展的作用也日益受到关注。2010 年 10 月，世界技能组织全体成员大会通过决议，正式接收中国成为世界技能组织成员，中国成为第 53 名成员。截至 2019 年，中国共参加了五届世界技能大赛。

党的十八大以来，以习近平同志为核心的党中央高度重视技能人才队伍建设。在党中央、国务院的亲切关怀和大力支持下，中国技能人才培养走出了一条以赛促建、以赛促学的成功道路。技能健儿继第 41 届世界技能大赛实现奖牌零的突破后，在之后的各届世界技能大赛中取得了越来越辉煌的成绩。第 42 届世界技能大赛，中国代表团获得的奖牌总数显著增加；第 43 届世界技能大赛，中国代表团实现了金牌零的突破；第 44 届和第 45 届世界技能大赛，中国代表团金牌总数、奖牌总数均位列第一。中国技能飞速提升的同时，我们也从世界技能大赛标准、理念、人才培养方式等方面吸收了养分，获得了第一手经验，为中国技能人才培养打开了更广阔的天地。

时代发展的脚步越来越快。为适应新一轮科技革命和产业变革的浪潮，各种职业技能竞赛，包括世界技能大赛、中华人民共和国职业技能大赛的赛项、规则都在不断改变。这对我们来说既是挑战，又是机遇。尤其是高铁、移动数字应用、人工智能、新能源等领域，是新科技、新技能集中之所，也是新赛项设立的重要参考依据。相关产业和院校的相关专业将在这些领域发力，培养优秀技能青年参加比赛；而国家也在期待竞赛的成果及时转化为技能人才培养的动力，反哺产业发展。

技能面面观

中华人民共和国第一届职业技能大赛共涉及制造业、信息技术、交通运输、建筑业、服务业等 14 个国民经济行业大类，覆盖国民经济行业大类的 70%。所有比赛项目均服务于实体经济，有超过半数的项目属于生产性和生活性服务项目，近半数的项目属于基础设施建设项目，近四成的项目属于战略新兴产业项目，超过三成的项目属于先进制造业项目。

把五星红旗插上技能之巅

以世界技能大赛为引领的各级各类职业技能竞赛，是中国技能破浪前行的助推器、导航仪。从第 41 届世界技能大赛到第 45 届世界技能大赛，中国累计获得 36 枚金牌、29 枚银牌、20 枚铜牌和 58 个优胜奖。国旗飞舞，国歌嘹亮，闪耀我们双眼的一枚枚奖牌淬炼于谁的汗水？点燃我们激情的那一片片欢呼衬托着谁的拼搏？

当然是扬起中国红的世赛选手，是托起青春梦的专家教练。为中国夺得第一枚奖牌的裴先峰、实现中国金牌零的突破的曾正超、夺得“阿尔伯特·维达”大奖的宋彪等各届世界技能大赛选手，走上技能之路的起点或许并不高，但他们通过备赛和参赛树牢了技能成才、技能报国的理想信念，展现出了自信自强、刚健有为的精神风貌，最终铸就了属于自己、更属于中国技能的辉煌。正如习近平总书记在庆祝中国共产主义青年团成立 100 周年大会上的讲话中指出的那样：“青年犹如大地上茁壮成长的小树，总有一天会长成参天大树，撑起一片天。青年又如初升的朝阳，不断积聚着能量，总有一刻会把光和热洒满大地。”

技能面面观

为选拔出最优人选代表中国参加世界技能大赛，选拔分两个阶段进行。第一个阶段是全国选拔。在各地、各部门初赛的基础上，人力资源社会保障部组织开展世界技能大赛全国选拔赛，根据选手成绩，每个参赛项目遴选出约 10 人或 5 组入选国家集训队。第二个阶段是集训选拔。主要是依托世界技能大赛中国集训基地，对入选国家集训队的选手进行训练，并组织开展“十进五”“五进一”阶段性考核选拔，最终选出 1 名（组）选手代表中国出征。每一位代表中国出征的参赛选手，都是经过大浪淘沙，在层层选拔中脱颖而出的真正国手。

凡是过往，皆为序章。在辉煌的成绩面前，新生代技能青年的压力和动力同样巨大。我们要相信，青春孕育无限希望，今天的青年定能创造明天的美好。世界技能大赛参赛选手和专家教练一起把五星红旗插上了技能的巅峰，靠的是自立自强、精益求精、团结协作的职业品质，靠的是顽强拼搏、开放进取、为国争光的竞技精神，靠的是无私奉献、勇挑重担、接续奋斗的家国情怀。每位技能青年都应该像他们一样，凭技能迎接挑战，以韶华逐梦匠心，用亲身实践去诠释：

技能成才，可兴家国；中国技能，开创未来！

竞赛有我

一

大赛竞猜

战略性新兴产业是指以重大技术突破和重大发展需求为基础，对经济社会全局和长远发展具有重大引领带动作用，知识技术密集、物质资源消耗少、成长潜力大、综合效益好的产业。下面所列的 9 个项目都是中华人民共和国第一届职业技能大赛的竞赛项目。猜猜看，其中属于战略性新兴产业的项目是：_______________。

①轨道车辆技术 ② CAD 机械设计 ③移动应用开发 ④移动机器人 ⑤新能源汽车智能化技术 ⑥商务软件解决方案 ⑦物联网技术 ⑧ 3D 数字游戏艺术 ⑨健康和社会照护

践行不辍

无论世界技能大赛还是中华人民共和国职业技能大赛，选手创造辉煌的背后，是他们优秀的职业品质、竞技精神和家国情怀。这些也是我们每个人在社会主义现代化建设中实现自我价值的基础。参考绪论中对此的总结，为自己做一学年的践行计划，每月调整措施，每周做践行记录。

下面是开学第一个月的践行计划模板。其他各月的计划照此设计。

践行计划模板

9月　　日—9月　　日			
本月应做的事 / 养成或巩固的习惯	周	本周完成的事 / 养成或巩固的习惯（非完整周计划与邻近月衔接）	重点养成的职业品质 / 竞技精神 / 家国情怀
	第 1 周		
	第 2 周		
	第 3 周		
	第 4 周		

● **重在参与**

查一查相关资料，了解中华人民共和国第一届职业技能大赛的相关活动内容；确定哪些活动是在大赛前举办，哪些活动是在大赛期间举办。这些大赛活动安排是否给你启示？请以“勇参赛 强技能 学榜样”为主题，设计校园技能节系列活动总体方案，其中需要包括技能比赛。要求写出包括哪些活动，整体流程，每个活动的主题、内容、参与者；不必设计每个活动的具体步骤。

上篇：技能有先锋

劳动者素质对一个国家、一个民族发展至关重要。技术工人队伍是支撑中国制造、中国创造的重要基础，对推动经济高质量发展具有重要作用。要健全技能人才培养、使用、评价、激励制度，大力发展技工教育，大规模开展职业技能培训，加快培养大批高素质劳动者和技术技能人才。要在全社会弘扬精益求精的工匠精神，激励广大青年走技能成才、技能报国之路。

——习近平

第一课

擎技能之旗

“噼啪”，随着最后一道弧光在焊缝上划过，裴先峰完成了第 41 届世界技能大赛焊接项目的首日比赛内容。轻舒一口气，他的全部精神暂时从那把焊枪上回到自己的身体，回到世界技能大赛的现场。他期待着裁判的检测结果。最终，他的焊件质量被认定为最高级——A 级。

这是 2011 年 10 月在伦敦举办的、具有 70 余年历史的“世界技能奥林匹克”盛事上首次出现中国面孔，而裴先峰也在这届大赛中为中国首开纪录，摘得银牌。自裴先峰之后，中国技能健儿势不可当，不但多次夺取焊接、数控铣等制造与工程建筑领域的奖牌，还有叶钟盛在飞机维修项目中夺得银牌，黄枫杰在原型制作项目中斩获金牌，蔡叶昭在烘焙项目中一举夺魁……

自立、自强、自信，擎起技能旗帜。

裴先峰摘得第 41 届世界技能大赛焊接项目银牌，让世界看到了中国技能青年的风貌。不仅是裴先峰，叶钟盛、黄枫杰、蔡叶昭等接连在大赛中获奖，他们的每一枚奖牌都意义重大。

世界技能大赛选手代表中国青年走上国际舞台，展示精湛技能和职业风采。他们高举技能之旗，率先前行，引领更多青年走技能成才、技能报国之路。他们的行动昭示着新时代的中国青年秉承先辈光荣传统，用青春的理想和信念、青年的朝气和担当，在竞争激烈的赛场上，在如火如荼的社会主义现代化建设中，尽情放飞梦想，谱写华章，以技之精湛回馈当下，以梦之壮丽拥抱未来。

裴先峰

技能可逐梦

劳动创造世界，技能成就未来，时代呼唤先锋！

人生因梦想而美丽，因奋斗而精彩。每个人都怀揣梦想，渴望成功，但每个人的梦想不同，成功的路径也不同。三百六十行，行行出状元。只要选择和确立的梦想对促进经济社会发展有益，与实现中华民族伟大复兴的中国梦合拍，同个人的能力特长、兴趣爱好匹配，就有价值、有意义，值得用毕生的精力孜孜不倦地追求。技能强国是全面实现中华民族伟大复兴中国梦的重要途径，而青年则是中国梦的希望。技能可以让青年安身立命、享有尊严，也可以让青年仰望星空、实现梦想。一技之长尽展一己之力，一技之长尽显时代风尚。

2019年8月27日，第45届世界技能大赛在俄罗斯喀山落下帷幕，来自江西洪都航空工业集团试飞站的外勤机械工叶钟盛获得飞机维修项目银牌，实现了我国该赛项奖牌零的突破。

就在4年前，叶钟盛学业遭遇挫折，迷茫之际，做木匠的父亲劝他学习一门技能，一技傍身走遍天下。于是，叶钟盛决定就读

叶钟盛

江西航空职业技术学院飞机制造技术专业。2016年，他通过层层选拔，获得参加第44届世界技能大赛飞机维修项目集训的资格。然而阶段性选拔赛场上叶钟盛发挥并不理想，他在自己最擅长的项目上丢了分。比赛失利了，叶钟盛有些沮丧，但很快调整了过来。对他来说，失败的经历已化为他成长的动力和宝贵的人生财富。2017年，叶钟盛成为江西洪都航空工业集团试飞站一名外勤机械工，工作精细勤勉的他再次被推荐进集训队，备战第45届世界技能大赛，踏上了自我突破的征程。

虽是第二次出征，叶钟盛的路途却并不平坦。这一届比赛内容出现了很大变化，选手们只知道有5个考核模块，但具体内容不详，叶钟盛压力很大。他仔细分析，坚信不管怎么赛，离不开修理飞机的基本功，比如打铆钉、钣金制作、铆接装配、拆装调试等。他一面努力训练技能，一面巩固理论知识，以不变应万变；他反复与自己较量，分析对比每次训练的结果，做到次次有进步；他一遍遍总结上一次失败的教训和当下训练的心得，为自己制订了磨砺身心、通向光明的蜕变计划——注重现场发挥，把控操作细节，提高专业素质，做事专注忘我，善于交流沟通。他说："通往极致的道路其实是坚持要做得更好的理念。"

一路征战，叶钟盛成功站在了第45届世界技能大赛飞机维修项目的赛场上。经过数天多个模块的激烈角逐，叶钟盛从多个国家和地区的优秀技能选手中脱颖而出，夺得银牌。他实现了自己赛前的壮志："以最好的状态、最强的实力去比赛。相信自己，沉稳冷静，向着目标进发！"

叶钟盛在飞机维修项目夺得奖牌，既是他个人不懈努力奏响的凯歌，又是我国航空工业发展结出的硕果。这枚奖牌是中国从制造大国向制造强国转变的明证，是技能强国的一声号角。技能砺青年凌云之志，启青年梦想之旅。以技傍身，海阔凭鱼跃，天高任鸟飞！

技能面面观

飞机维修项目

飞机维修项目是按照标准和程序要求对飞机/直升机进行维护检查，发现并排除故障，使飞机/直升机达到安全服役状态的竞赛项目。

青年当自强

当代中国青年处在中华民族发展的最好时期，拥有建功立业的人生机遇，也肩负“天将降大任于斯人”的时代使命。青年立志走技能成才之路，要以奋斗铺陈青春底色，以自强照耀青春年华，展现立志高远的魄力，增强苦练技能的毅力，培养处变不惊的定力，抓紧时间学习各项知识和技能，练就过硬本领，实现人生理想，担当时代重任。

黄枫杰，1996 年出生于粤西一个小山村。中考后，黄枫杰迎来了人生第一次重要选择。不同于正面临高考的哥哥，他十分干脆地决定学习技术：“我当时就有个想法，我和哥哥一定要分两条路走，我想用技能走出一条路。”

“入校后不久，世界技能大赛引起了我的关注，当时一位师

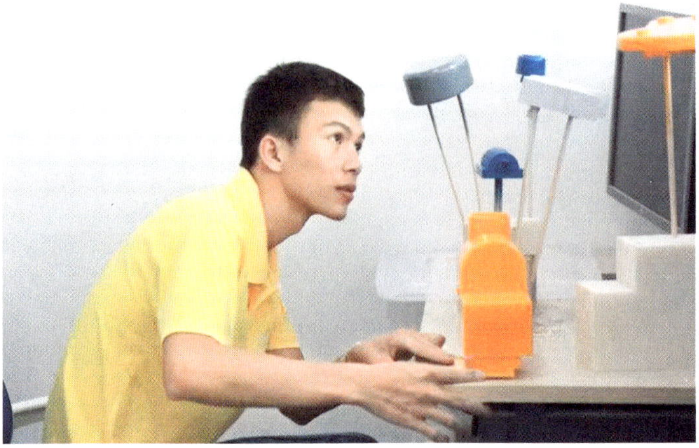

黄枫杰

兄连续参加了第 41 届、第 42 届世界技能大赛的选拔，并进入国家集训队，虽然没有最终代表中国参赛，但他让我知道了技能可以走向世界。”黄枫杰找到了人生新的“打开方式”。

2016 年 6 月，黄枫杰参加了世界技能大赛原型制作项目广东省选拔赛。在比赛前的集训中，他每次测评都排名第一，当时他觉得自己会以第一名的身份晋级省队，但最后的成绩却只屈居第四，擦线晋级。他很懊恼，但并没有因此颓废，他调整状态，自觉投入到了魔鬼训练中。他经常把教练安排的任务做完后，再给自己多增加一半的任务量，有时还会熬夜到凌晨两三点才回宿舍休息。特别是全国选拔赛前两周，他把需要耗时 6 天完成的题目压缩到 3 天内完成。长时间的刻苦训练让他在全国选拔赛中拿到了第一名，在国家集训队几轮淘汰赛中一路领先。黄枫杰不断奋斗，一举斩获世界技能大赛金牌。

世界技能大赛告捷，也为他赢得了响当当的知名度。2018 年 11 月，美国一家企业通过世界技能大赛官网找到黄枫杰，希望他能为一款工序复杂、技术要求精度高的污水处理器制作模型，这款设备将在国际展览会上展出。黄枫杰后来回忆，产品模型最终获得了媒体和参展商的一致好评。黄枫杰不懈努力积累出的过硬实力，为中国技能青年赢得了口碑。他实现了对自己的承诺：用技能走出一条路。这是一条通往远方的康庄大路。

没有行动的梦想，都是空中楼阁。黄枫杰用奋斗践行青春之志，以自强点燃青春之火，走上了技能的“星光大道”，制作出专属于自己的“青春名片”。他以实际行动证明了，只有自强不息、脚踏实地，不畏困难、勇于挑战，才能把爱国之情、强国之志化为技能报国的实际行动。

技能面面观

原型制作项目

原型制作项目是根据给定的原型设计图样，运用三维CAD软件进行原型三维建模与局部自由设计，并生成工程图，选手根据自己设计的图纸，使用指定的材料，运用普通车削、普通铣削、数控铣削、3D打印、手工等工艺方法制作模型，并对模型进行表面处理以及喷涂装饰的竞赛项目。

自信人生勇擎旗

任何一种技能，只要适合自己，只要付出努力，就能用来书写精彩人生。“自信人生二百年，会当击水三千里。”走技能成才之路，就要有充分的自信。学习和提升技能，绝不是浪费时间，掌握的技能越高超，人生的舞台就越宽阔。青年人要勇敢地擎起技能之旗，争当时代的先锋军。

蔡叶昭

做面包，向来是西方人的强项。谁会想到，在第44届世界技能大赛中，“95后”东方男孩蔡叶昭一举夺得了烘焙项目金牌，这也是中国在该项目上的首金。

2012年，蔡叶昭读完初中，选择到苏州王森国际西点烘焙学院学习蛋糕裱花。他坚信：“只要掌握一门技能，就可以自强自立。”仅仅用了两年，蔡叶昭就成为一名蛋糕裱花师傅。然而他并不满足于现状，转攻更讲究食材精选和制作创意的烘焙，立志成为最优秀的面包师。蔡叶昭毅然放弃了月薪5 000元的工作，从一个月薪1 000多元的烘焙学徒工做起。摸爬滚打3年后，蔡叶昭如愿成为一名烘焙师傅，收入可观。这时，母校盛情邀请他参加世界技能大赛烘焙项目选手的角逐。因为比赛需要辞去高薪工作，全身心投入训练，蔡叶昭的父母表示反对。蔡叶昭的想法却不同——辞职并不是一切“归零”，而是以新的姿态重新出发。他相信，凭借自己对烘焙的热爱，只要全力以赴，他一定能攀登新高峰。怀着满满的自信，蔡叶昭果断辞职，投入训练。

2016年9月，蔡叶昭以全国选拔赛第一名的成绩拿到世界技能大赛烘焙项目中国集训队的入场券。集训期间，蔡叶昭每天至少用掉25千克各式面粉进行构思和创作。2017年10月，在阿联

蔡叶昭

我能站在这个舞台上，就是想证明自己，想证明中国人也可以把西方面包做好。

酋阿布扎比的赛场上，蔡叶昭凭借一款艺术面包一举夺魁。这款面包的主题是“蔚蓝的海洋”，代表着中国的烘焙技术漂洋过海，勇敢地迈上了世界技能的大舞台。

训练笔记

面包，看起来简单，但真正要做好并不容易。冲击世界技能大赛的400多天里，我每天起早贪黑，前期冲劲十足，后期却感到困难、枯燥，疲劳的时候还要想创意，训练似乎到了瓶颈期。我一度也想过放弃，但一看到面粉经自己的双手醒发、膨胀，显示出勃勃的生命力，对烘焙的热爱就重新唤醒了我坚持下去的意志力。

做面包，温度最不容易掌握。要精确地掌握温度，只能靠千锤百炼。别人一年可能只做几百个法棍，我则要做成千上万个，每天要消耗大量面粉，站立超过12小时。备赛下来，我已成为“资深”的腰椎病患者，双脚磨出水泡，也只能试着把水泡挤破以减轻疼痛。赛前正值酷暑，室内多台烤箱持续运作，每台都要超过100摄氏度，室内吹着空调仍有三四十摄氏度的高温。被蒸汽烫到是常事，我的手臂上满是一道道黑色的旧伤和泛着粉红的新伤。但我不觉得苦，反倒很享受这个过程，因为我对烘焙充满热爱，我要做好自己的每一个作品。

技能面面观

烘焙项目

烘焙项目是制作各种烘焙产品并将其投入市场以供商用，制作精致的装饰面包以供展示的竞赛项目。

从普通中学到烘焙学院，从蛋糕裱花到面包烘焙，每一次选择和转型，都留下了蔡叶昭坚持遵从内心热爱、孜孜以求的不倦脚步，正是这份砥砺不怠、痴心不改的强大自信支持着他高擎大旗，“技”行天下，“能”创未来。

匠星闪耀

对青年人来说，技能可以是自立的本领，只有自立才能谈梦想；技能可以是自强的抓手，只有自强才能开启逐梦之旅；技能可以是自信的根基，只有自信才能在风雨中找准航向。自立、自强、自信的青年人，定能凭技能赢得精彩人生，成为技能成才、技能报国的先锋。

裴先峰

他，是第一个登上世界技能大赛领奖台的中国技工；他，是第一个用奖牌将“中国”二字写进世界技能大赛史册的中国技工；他，是第一个毕业于技工院校、以一线工人身份直接从生产岗位走上世界技能舞台的中国技工。

裴先峰，一个普通而又蕴含着不凡的名字。1990年出生时，父母也许寄予他特别的希冀，给他取了这样一个在家乡人看来有些特别的名字。

2006年8月，裴先峰和哥哥分别考上了高中和大学。家中境况不好，为减轻父母的经济压力，他放弃了上高中的机会。“大学梦”戛然而止，但人生的梦想却悄悄开始。倔强的裴先峰暗下决心：一定要学一样技能，在技能成才这条路上寻找广阔的未来，实现自我价值！一个月后，他以高分就读中国石油天然气第一建设公司技工学校。

2009年8月，怀揣着一本焊工中级职业资格证书，裴先峰穿上了一身橘红色的工装，成为中国石油天然气第一建设公司第三工程处303工程队的一名焊工。裴先峰工作的第一站就是甘肃庆阳石化炼油工程搬迁改造现场。上班的第一天，师傅就对他说："娃娃，这里不是学校，你手里的工作只能成功，不许失败。"黄土高原，野外施工，烈日暴晒，高温炙烤……这个刚刚走出校门的青年似乎有着天然的先锋本性，在管道焊接中，无论是进度还是质量，竟然一出手就名列前茅，把师傅都甩到了身后。石化设备、装置一般都有易燃易爆的特点，对焊接质量有着极高的要求，为此，公司建立了一整套发现和培养优秀焊接员工的体制。

2010年8月，裴先峰被选送到集团公司最具实力的焊接研究与培训中心进行强化培训。在这里，裴先峰不但极大地提升了自己的焊接技艺，也验证了"机遇总是垂青有准备的人"这句格言。2011年3月，这个工作前从未离开过洛阳、从未坐过火车的农村娃，通过层层选拔，走进了北京集训基地，经过不懈努力，又成长为一名代表中国参加第41届世界技能大赛焊接项目的选手。

2011年10月8日，是一个注定被写入中国工匠史册的日子，新的历史篇章由裴先峰在英国伦敦书写。这一天，中国工人第一次登上了世界技能大赛的领奖台，第一次获得一枚属于自己、属于中国的世界级宝贵银牌，第一次以精湛的技艺冲击了世界焊接技能之巅。这一年，裴先峰21岁。

2013年5月4日，作为全国五一劳动奖章和中国青年五四奖章获得者，裴先峰同各界优秀青年代表一起受到习近平总书记的亲切接见。在向习近平总书记汇报自己的工作情况时，裴先峰表示："练就国家建设需要的过硬本领，才能实现自己的青春梦想。是伟大祖国和伟大时代，给了我梦想成真的机会。有梦想、有机会、有奋斗，就能够成就自己的美好人生。"习近平总书记亲切地对他说："你通过奋发努力，成就的青春事业与党和国家的事业、人民的事业高度契合，这样事业的光谱就更广阔，能量也会更强。"做好今日，放眼未来——这是裴先峰在接受记者采访时所讲述的成功秘诀。这，也许就是父母在给他起名字时所蕴含的特别希冀。

技能面面观

焊接项目

焊接项目是按照图纸要求进行组装，并按照规定的方法和标准进行焊接操作的竞赛项目。

技能强国，舍我其谁?

我国青年选手在世界技能大赛中屡屡站在巅峰，摘金夺银，奏出一首又一首技能精英的豪迈战歌。

是他们，让我们看到了新时代青年的远大梦想和坚定信念。

是他们，体现出新一代技能人的光荣、激情和才干。

也正是他们，让全社会不禁去思考：

如何让更多青年走上成才之路?

如何成就青年人的精彩人生?

对于广大青年来说，技能，是实现人生价值的重要途径。世界技能大赛的辉煌战绩充分表明，在中华民族伟大复兴的征程中，技能青年必将高擎技能成才、技能报国的旗帜，为祖国和人民做出更多杰出的贡献。

第二课

扬工匠之帆

电影里，小和尚入了少林寺，没学武功先挑水，两个满桶，一路崎岖，分毫不能洒落。现实中，黄晓呈跻身国家队，没练技能先磨刀，一台机器，两片砂轮，精细从无封顶。他就是靠“磨”出的功夫、“忍”出的匠心闯进了世界技能大赛。

这种韧劲和钻劲，数控车项目需要、车身修理项目需要、家具制作项目需要、信息网络布线项目需要，世界技能大赛的各个项目、社会的各行各业都需要。杨山巍、吴晋卿、梁嘉伟……他们持之以恒、一丝不苟，他们追求卓越、勇于创新，他们扬起工匠之帆，开启技能远航。

执着、精益、创新，弘扬工匠精神。

时代发展，呼唤大国工匠。国家强盛，必有工匠精神。

我国自古就有尊崇和弘扬工匠精神的优良传统。从蜿蜒雄伟的长城到宏伟壮丽的故宫，从雅致脱俗的瓷器到精巧绚丽的丝绸，从产生“四大发明”的文明古国到屹立于世界东方的制造大国，举世瞩目的成就背后无不闪耀着工匠精神的光芒。代代匠人潜心琢磨、锐意创新的无畏气魄，成就了源远流长、灿烂辉煌的中华工匠文化。工匠精神有着“执着专注、精益求精、一丝不苟、追求卓越”的含义，既是行为习惯，也是从业态度，更是职业操守。工匠精神有着改革创新的内核，是技能人才坚守初心的体现，是技能健儿赛场发力的底气。弘扬工匠精神，才能为技能成才、技能报国打牢根基。

执着求进

行百里者半九十，只有克服万难、专注进取，才能成功。古往今来，匠人巧夺天工、出神入化的技艺，都离不开对“手上功夫”的执着追求。一旦选择了某个行当，无论身处怎样的岗位，都要秉承一片赤诚，摒弃外界喧嚣，在自身领域认真钻研、精耕细作，决不三心二意，也不浅尝辄止。尤其是在当下我国从工业大国向工业强国迈进的关键时期，需要广大青年涵养内心定力，沉淀对事业的热情和执着，干一行、爱一行，专一行、精一行，持之以恒、专心致志，不为外界的干扰和风雨所动摇，在持续的积累和磨砺中不断精进。

杨山巍，曾获第44届世界技能大赛车身修理项目金牌，这也是我国该项目首金。相比于胸前闪闪发光的金牌，这位年轻工匠

杨山巍

身上那种执着专注、坚忍不拔的品质更显得熠熠生辉。

2014年，杨山巍进入第43届世界技能大赛车身修理项目全国二强，却因微弱差距错失参赛机会，但他心中那份站上技能巅峰的追求和与全球高手对决的渴望却没有熄灭。他想："并不是所有事情都有第二次机会，辛苦也要再拼一次！"两年后，他再次出发，加入第44届世界技能大赛集训队。

一切训练都要从头再来。备赛期间，杨山巍全年无休，一头扎进实训室里艰苦训练，钻研技能。训练是枯燥的，有时还会受伤。因为焊接板件薄至0.6～0.8毫米，经常有火花迸在皮肤上、鞋子里。被烫到还不能马上停下，要把这两个焊件完整焊好后才能停。火花在皮肤上自然冷却时，杨山巍都能闻到肉被烫焦的味道。面对种种艰难困苦，杨山巍毫不动摇，并坚持用"超五星"标准严格要求自己。就连一次简单的敲击，他也要反复练习上百遍。

困难不止在训练场上。2017年，世界技能大赛车身修理项目突然新增了一道题目——在汽车底盘上钻 60 个孔。底盘是车身最坚固的部位，要让钻孔的直径和位置符合工业要求，需要大量反复练习。杨山巍抱着钻机，在底盘下的狭小空间内保持侧身姿势，一待就是 6 个小时，反复钻 100 多个孔才算完成一次训练，每次都腰痛得站不直也坐不下。

台上一分钟，台下十年功。最终，杨山巍在世界技能大赛上以领先第二名 3 分的绝对优势取得了成功，站在了荣光之中。

杨山巍

你感觉前面还有 100 面墙，而实际上可能就剩最后一面了，如果你没有坚持，就会离成功越来越远。

技能面面观

车身修理项目

车身修理项目是通过车身校正平台和相关的测量设备，检测车身损伤程度并修复结构件与非结构件损伤至原厂技术参数的竞赛项目。

岗位可平凡，品格自峥嵘。再平凡的岗位也能取得不平凡的成就。杨山巍曾说，从事车身修理专业就像翻墙，一定要持之以恒、坚持不懈。他以笃实专注的“痴”劲，赢得了光彩夺目的金牌；以严谨执着的“韧”劲，迈出了青春路上的铿锵步伐，在世界舞台上彰显出来自中国青年的工匠精神。

精益为本

工匠精神的核心就是精益求精，就是对职业的高度责任感，就是以一丝不苟的态度，克服一切困难，尽一切可能，把每一件产品、每一道工序做好后，还要求更好。这是工匠由普通到卓越的根本素质。角逐世界技能大赛奖牌同样需要工匠精神，需要更加精益求精。只有练就炉火纯青的技艺，习惯超越比赛标准完成任务，才能拥有获胜的把握。

2019 年 8 月，在俄罗斯喀山第 45 届世界技能大赛家具制作项目的赛场上，一名叫吴晋卿的“小木匠”摘得了银牌。“这块银牌分量很重，上届大赛我国该项目仅获第 19 名，吴晋卿创造了历史。”中国代表团家具制作项目专家组组长刘晓红说。

吴晋卿生于安徽省休宁县一个普通的木匠家庭。长大后，他选择追随父辈的脚步，到休宁第一高级职业中学学习木工。进校后，吴晋卿拿起了木工行当的“十八般兵器”，反复练习着锯、锤、凿、铲、刨、钻、锉……两年间，他一边学木工理论，一边实践制作，木工技能飞速提升。虽然还是一个十几岁的孩子，

吴晋卿

但他却满手已布满老茧。家具制作是一项极其考验选手“微操作”的项目，备赛的600个日日夜夜里，吴晋卿每天训练12小时，从住处到基地两点一线，手上老茧越磨越厚，手下活计越来越精，尤其是在“万榫之母”燕尾榫的制作被他练到“水不漏、光不透”的境界后，吴晋卿彻底打开了通向俄罗斯喀山第45届世界技能大赛的大门。赛场上，他沉着应战，一遍遍揣摩“双门单抽实木贴皮矮柜”赛题，力求做到“柜子的每一个面光滑如砥，每一处连接严丝合缝”，绝不允许抽屉抽取出现一丁点的不顺滑，绝不允许缝隙超过发丝宽。大半参赛选手折戟在这些细节上，30人中仅12人完成了作品，而吴晋卿是第三个完成的。这是一件近乎完美的作品，吴晋卿因它披上了五星红旗。

技能面面观

家具制作项目

家具制作项目是综合运用家具制作各类专业知识、机械加工与手工制作技能，依据图纸、材料与配件等，利用手工工具、设备，根据图纸要求，进行零部件加工、组装、表面装饰等并在规定时间内独立完成一件优质产品的竞赛项目。

“不留一丁点缝隙”，是家具制作项目最重要的评分标准。吴晋卿将古人的智慧和自身的追求发挥到极致，只为做到“严丝合缝”。对参赛选手而言，备赛和比赛只是一个短暂的阶段，而精益求精、追求卓越的意识却在心中留下深深的烙印，牢牢根植于从业品格之中。高规格的技能竞赛并非人人都会参加，但精益求精的工匠精神应该及早内化于技能学子心中，从而让自己的职业发展有更光明的未来。

创新决胜

创新是工匠精神的内核，只有发挥创造力，才能在学习和工作实践中获得飞跃。创新并不玄妙，只要肯动脑子，就会有足够的创意。在技能领域，新产品要从图纸上的线条和数据变成现实中的产品就需要工艺创新。在世界技能大赛中，制胜的法宝往往也是创新。选手必须不断发挥创造力，才能在竞赛中获得优势。

2015 年，我国首次参加世界技能大赛信息网络布线项目，获得一枚铜牌。该项目自设立以来，前三名多被日本、韩国、新加坡选手垄断。作为世界上网民最多的国家，在信息网络基础技术的项目上夺金，是中国选手必然的责任和使命。

2017 年，这个责任落到了梁嘉伟的肩上，强烈的使命感让这位 24 岁的青年教师拼命提高自己的技能。他通过反复训练提

梁嘉伟

高熟练度，但他很快发现，对手的操作数据指标已经是难以打破的极限，要想赢还必须有独特的创新。

在信息网络布线中，光纤熔接是一个独立的专门比拼速度的模块，为了在这个模块获得竞争优势，梁嘉伟创新了一套光纤熔接法，10 个手指同时完成 4 项不同的工作，堪比钢琴家的演奏。梁嘉伟用这套方法在实际比赛中创下了 30 分钟有效熔接 85 芯的纪录。这项纪录远远超过了一般技术人员 20 多芯的速度，也远远超过了该模块第二名日本选手 72 芯的历史最好成绩。

第 44 届世界技能大赛信息网络布线项目首席专家认可了梁嘉伟的这个操作速度，而且表示这一速度已经遥遥领先，除非熔接设备的性能得到提升，否则很难被超越。最终，梁嘉伟在该项目比赛中冲出重围，摘得桂冠。

技能面面观

信息网络布线项目

信息网络布线项目是利用以太网技术、局域网技术和办公室及家庭网络技术，进行综合布线的竞赛项目。

创新是工匠精神深度融入职业活动的结果，是锐意进取精气神的深层迸发。回顾比赛历程，梁嘉伟说："我们是用知识来比赛的，并非用训练在比赛。"意思是科学研判、改进方法十分重要。其实，完整复盘梁嘉伟的备赛过程，无论是做水晶头时，将动作细分到以零点几秒来不断改良每个细节，还是仔细研究工具如何摆放更合理、伸手取工具用哪种角度更快，再或是琢磨出全新的光纤熔接法，10 个手指同时完成 4 项工作，无一不闪烁着创新的光芒。点点新意，汇聚成梁嘉伟的夺冠之路，阐释了匠心的核心要义。

匠星闪耀

作为制造机器的机器，机床有“工业母机”之称。数控机床的加工水平和生产能力反映了一个国家的技术、经济水平和综合国力。数控车是世界技能大赛最为人们熟悉的项目之一。第45届世界技能大赛之前，中国队已连续四届参加该项目比赛，都惜败一时。中国队以执着精益的匠心、与时俱进的创新，十年磨一剑，霜刃应堪试。这次充当剑锋的，就是黄晓呈。

黄晓呈1997年生于广东揭阳，2013年9月考入广东省机械技师学院数控加工专业。第一学期，黄晓呈就通过“分层海选”进入了竞赛班。他上午学习理论知识，下午去车间实操训练，一课不落。广东的夏天又闷又热，实训室矮矮的铁皮房里温度高达三十七八摄氏度，纷飞的铁屑常常迸射在黄晓呈脸上和头发上。蚊虫肆虐，一不留神就会在他身上留下刺痒的肿包。因此就算天气再热，也必须穿长衣长裤。刚训练了

黄晓呈

几天，就有人因为吃不消自愿离开。黄晓呈坚持了下来。每当有点坚持不住的时候，他就暗暗告诫自己："要把握机会，坚持下去！"每次加工零件，他都像正式参赛一样认真完成。坚持、认真和专注，成为他进阶的法宝。

2018 年，黄晓呈进入第 45 届世界技能大赛集训队。集训时，教练宋放之教授让黄晓呈磨车刀——这是一名数控车床操作工的基本功。黄晓呈有些不解——世界技能大赛是不会让选手去磨刀的。但教练的意志不可违，他还是去磨了，尽管磨得很用心，还是被教练看出了心思，教练让他停下来，说了这样一番话："车工一把刀，三分手艺七分刀——这是行内的一句俗语，意思就是车工技艺从对刀具的选择、使用、刃磨功力上就可以分出高低。"

"天下大事，必作于细"，黄晓呈明白了教练的良苦用心。接下来就是精细化的工艺编排，加工顺序、工步设计的细微差异，会影响工装夹具的合理选择和加工效率。黄晓呈就像刃磨车刀一样，将每个细微差异都进行了比较研究，找出了应对不同材料和变化的最优设计。

到了第 45 届世界技能大赛赛场，黄晓呈的工作台位于走道旁，不断有参观团队停留、围观，甚至有游客拍照时不小心开了闪光灯。这位 22 岁的年轻人沉浸在眼前的工作中，忽略了周围的环境与声音，似乎进入与外界隔绝的状态。面对精度高、速度快、工作量大的比赛，黄晓呈不能有丝毫失误。比赛要求选手依据技术图样，选择合理的工装夹具、使用正确的切削刀具、设置机床和切削参数、编制数控程序，最后加工出复杂零件且加工出来的工件误差要控制在两个"丝"以内（一个"丝"是 0.01 毫米）。

第二天，大赛给所有选手带来一个很大的意外——一道之前比赛中从未出现过的刁钻题目"三件套配合零件的加工"，而且比赛选用的还是钢和黄铜两种不同材料，考验选手是否具备创新能力和临场应变能力。黄晓呈稳住情绪，借助夹具装夹顺利完成加工。

功夫不负有心人，黄晓呈"稳"到了最后——他以 766 分的总分稳夺数控车项目金牌，甩开银牌选手整整 15 分。凭借专注执着、精益求精和勇于创新的工匠精神，黄晓呈在一次次挫折中总结提升，在一次次训练中不断精进，最终在喀山竞技场上精彩绽放！

对于这枚来之不易的金牌，宋放之教授认为，拿到金牌的虽然是黄晓呈一个人的一次比赛，但背后是中国队在数控车项目中不断改进、追求卓越的 5 次参赛经历，反映出我国工业不断发展壮大，工匠精神更加凸显。可以说，黄晓呈的成功离不开他对工匠精神的不断追求。宋放之说：“弘扬工匠精神是具有重大现实意义的，追求精益求精、精雕细琢、锲而不舍、尽善尽美，如果不从细节入手，养成一种精细的习惯，形成一种精确的素养，往往就是空中楼阁、墙头草了。”而宋教授也像他自己说的那样，从第 41 届到第 45 届世界技能大赛，十年如一日，为发展数控车项目贡献了自己全部的心血和力量，用忠诚和敬业诠释了什么是工匠精神。

技能面面观

数控车项目

数控车项目是依据零件的技术图样，利用车削中心，选择合理的工装夹具，使用正确的切削刀具，设置机床和切削参数，编制数控程序，加工以回转体为主，部分铣削和钻削为辅的复杂零件的竞赛项目。

沉甸甸的金牌，离不开黄晓呈加工精度的跃升，更凝结了深厚的工匠精神。在不断挑战、层层闯关的技能竞赛过程中，黄晓呈专心致志，从思考中提升技能，在苦练中淬炼本领，突破一个又一个技术难点，接连实现更高的精度要求，发挥出中国工匠的智慧与力量。这些努力使他在与世界顶尖选手同场竞技时，通过了技能登顶路上最艰难的一道考验。千锤百炼，摘取桂冠，黄晓呈品尝到专注执着、艰辛付出后的喜悦，感受到精益求精、锐意求新后的快乐。这份沉甸甸的收获不仅仅体现为一块金牌，更是一份厚重的人生礼物，为他今后的发展提供源源不断的动力。未来，工匠精神将伴他走向一个个更高的新起点。

第三课

聚团队之力

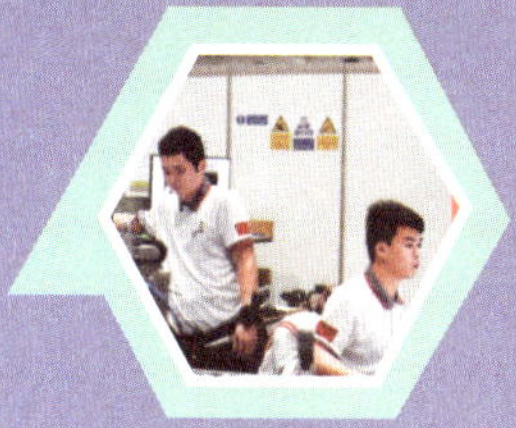

陈君辉、李俊鸿，共同用双手搭建出一个精彩的混凝土世界，玉海龙、林春泷、钟世雄，共同制作出的电动叉车“跑转”赛场，邓燚祯、叶子进共同设计制造出能够灌装小米的自动生产线，胡耿军、郑棋元则共同创造了打破世界技能大赛移动机器人项目韩国队五连冠的新历史。“共同”是这几枚金牌的关键词，“团结”是这几枚金牌的真底色。

世界技能大赛不仅仅是个人切磋技能、争金夺银的竞技场，更是团体凝心聚力、一展风采的大舞台。世界技能大赛的双人赛、团队赛项目将团结协作、互助友爱、聚合发力发挥到了极致。

同心、合力、协作，凝聚团队力量。

在世界技能大赛的赛场上，有这样一群年轻人：他们同心共勉，为攀登技能高峰的共同目标而立志打拼；他们并肩前行，在传承工匠技艺中共同铸就技能中国的美好明天。这些奋勇争先的技能青年，不断凝聚共识，努力寻求最大公约数，画出最大同心圆，将自己的涓涓细流汇入团队作战的汪洋大海，汇聚起推动技能强国的磅礴之力。

同心共勉

同心共勉是指团队成员们齐心协力、相互勉励，体现在世界技能大赛团队项目中，就是团队成员为了共同的目标一起努力，做到相互尊重、彼此信任、不分你我，遇到困难相互鼓励、热心解难、主动配合，以诚心支持并联结队友的思想，在并肩作战中增强团队的凝聚力和战斗力。

陈君辉（上）和李俊鸿（下）

2019 年 8 月 27 日，中国选手陈君辉、李俊鸿技压群雄，一举夺得第 45 届世界技能大赛混凝土建筑项目金牌。这是大赛新增的团队项目，也是我国首次参加的项目。2018 年，陈君辉、李俊鸿经过层层选拔进入国家集训队。陈君辉反应快、创新思维能力强，李俊鸿坚忍、执行力强，一动一静，两人称得上黄金搭档。但是，

陈君辉

面对新项目，整个比赛流程、技术文件和技能特点均没有可以参考的资料和经验，能成功吗？两位选手陷入了自我怀疑和深深的焦虑，心理压力很大。好在选手之间相互打气，在困境中给予了彼此最强大的精神支持。

这种相互勉励，更是在赛场上发挥得淋漓尽致。比赛开始一小时后发生了意外。陈君辉锯木材时右手食指被划破，顿时鲜血渗出，包扎、止血，足足耗费了40分钟。陈君辉知道，比赛时间本来就十分紧张，如果第一天因为自己受伤而影响进度，最终很可能导致整个参赛作品缺损而无缘奖牌。他极力克服内心的焦虑和自责，迅速调整心态，返回工位。而在队友受伤离开的时间里，李俊鸿并没有多想，他愈发冷静下来，专注地提升速度，操作也更加谨慎，留心打磨经手的每一处细节。他知

李俊鸿

道，只有尽力发挥，保证比赛进度正常推进，才能帮助受伤的队友。

面对巨大的心理压力，陈君辉和李俊鸿通力合作，最终以高标准、高精度、高颜值的参赛作品夺冠，向世界展示了中国混凝土建筑的高超水平。

技能面面观

混凝土建筑项目

混凝土建筑项目是进行商业或住宅建筑的建造，可在室内外进行工作的竞赛项目。

一滴水只有放进大海，才永远不会干涸；一个人只有把自己融入集体的时候，才最有力量。赛后，陈君辉和李俊鸿同样感慨："没有队友的鼓励和专家教练的帮助，我们不可能取得这样的成绩！"沉甸甸的金牌里凝结的不光是青春和心血，更闪耀着同心协力、互助互勉走向成功的光芒。

团结奋战

尺有所短，寸有所长。团结奋战，就是不同的个体为了实现同一个目标联合起来，充分发挥各自的特长，共同奋斗。世界技能大赛的双人赛和团队赛项目需要选手之间优势互补，彼此成就，打造出没有短板的团队，这更需要每个人积极贡献出自己的最大力量，真正做到心往一处想，劲往一处使，大家拧成一股绳，向共同的目标迈进，在获取集体荣誉中实现个人价值。

玉海龙（左）、林春泷（中）、钟世雄（右）

2015 年 8 月 16 日，中国选手玉海龙、林春泷、钟世雄登上了第 43 届世界技能大赛的最高领奖台，荣获我国在制造团队挑战赛项目中的首枚金牌。这个项目是所有赛项中唯一的 3 人团队项目，由占比 70% 的主项目和占比 30% 的意外项目组成。项目涉及设备组件设计、加工制造、装配调试等领域，并且需要选手之间高度配合，任何环节出问题都将导致项目中断。该项目被认为难度最大，奖牌含金量也最高。

2014 年，玉海龙、林春泷、钟世雄进入国家集训队，组成了备赛团队。他们深知各自不仅要负责不同的环节，还要熟悉其他成员负责的环节。因此，日常训练中 3 人十分注重沟通交流。选拔赛时，曾有一处程序出现问题，导致比赛中断。选手们没有相互埋怨，而是一边完成好各自的任务，一边合力调试，最终排除故障，顺利晋级。这让他们更加坚信：团结一心，各尽所能，是团队成功的基础。

2015 年，团队远赴巴西赛场。本次比赛的主项目要求制造一个 150 厘米×80 厘米×80 厘米的电动叉车，在成本控制、制造时间、加工精度、产品性能等方面都有很高的要求。副项目则要求制作一台约 12 厘米高的小型电动叉车，主要考核参赛队的数控铣、普铣、普车、钣金、焊接、电装和装配等技能。面对日本、韩国、巴西等国的强手，3 位选手不慌不忙，开始了分工合作：玉海龙主导方案设计、编程和最终测试，林春泷和钟世雄主导数控加工、焊接和装配调试。他们的才能集合到一起，加工出的零件、装配出的叉车近乎完美。当用叉车测试提升、平移重物时，钢丝绳由于牵引速度过快被拉断了。3 人很快稳住节奏，继续有条不紊地分工合作：打磨叉子，更换钢丝绳，重组设备，慢慢赶超了对手。最终，他们提前 7.5 小时完成全部比赛项目，顺利夺金。这枚金牌，凝结了玉海龙、林春泷、钟世雄 3 个人的智慧和力量，更是他们与专家、教练等组成的整个项目团队合力打造出的荣誉。

技能面面观

制造团队挑战赛项目

制造团队挑战赛项目是进行设备组件的设计与制造的竞赛项目。

点点星光，灿耀天河。团结奋战，既体现着技能水平、应赛战术，也塑造着中国青年百川入海的精神气质。赛场上，所有个体的付出，都将汇聚成集体的佳绩；而集体的力量又能成就每一个个体。一个团队，只有团结奋战，才能敲开胜利的大门。

一加一大于二

“一加一大于二”，这在数学上当然不可能，但团队的默契协作就会把不可能变成可能。团队之力，不是个人力量的算数求和，而是聚变反应，能够释放出很大的能量。世界技能大赛的双人赛和团队赛项目中，单个选手有着独特的个性和长处，但也有不太擅长的领域，选手之间如果能够做到协调默契，那么就能使胜利的天平向己方倾斜。同时，相互协作、培养默契的过程也伴随着思想的碰撞、心灵的交流，激起相互学习、共同促进的火花。

2017 年 10 月 19 日，在阿联酋阿布扎比第 44 届世界技能大赛上，邓燚祯和叶子进并肩角逐，摘得机电一体化项目金牌。

赛场的拼杀历经 4 天，而邓燚祯和叶子进搭档共同训练已有 4 年。几年来，他们默契配合，彼此信任，各有分工，一

叶子进（左）和邓燚祯（右）

个主要负责设计、编程、测试，一个主要负责装配、调试、优化。他们也会有分歧，两人因技术问题而发生争执已记不清有多少次，但是这种争执仅针对技术问题的讨论，最终他们还是发挥出“一加一大于二”的聚合效应，克服了重重困难。2016年，邓燚祯和叶子进入选第44届国家集训队，拿到世界技能大赛入场券。

正式的比赛可以说是一路惊险。赛题是在规定时间内完成一条小型自动化生产线，分别将15克、18克和20克三种规格的小米粒自动灌装并打包，灌装质量误差不得超过1克。面对复杂的工作流程，邓燚祯和叶子进采取了稳扎稳打的策略。然而在进行小米粒灌装时，意外还是发生了，米粒掉了一地。按规定，现场有垃圾将被扣分。米粒太小，用吸尘器又无法清除。两人十分紧张，但都不忘给对方打气：“不要怕，要稳住!”最终，叶子进妥善地清洁了地面。比赛的最后一个环节需要选手调试系统并实现相关功能，细心谨慎的邓燚祯发现，赛场提供的灌装质量标准件超过了误差范围，于是及时申请更换标准件并反复检验，之后迅速返回工位，同叶子进一起标零、称重、修改参数、调试程序。哨声响起，比赛终于结束，邓燚祯和叶子进如愿获得了金牌。

技能面面观

机电一体化项目

机电一体化项目是两名选手在15~20小时内设计、组装、编程、调试及优化一条自动化生产线的竞赛项目。

邓燚祯和叶子进个性反差大、特长对比明显，而这也恰恰是他们取胜的重要原因：邓燚祯考虑周全、沉稳细心，消除了系统调试的隐患，叶子进行动迅速、干练敏捷，提高了突发问题的解决速度。两人相互协作，融“二”为“一”，默契补台，携手前行。这是比赛制胜的秘诀，也是新时代工匠成就事业的法宝。

匠星闪耀

中国用几十年时间走完了发达国家几百年走过的工业化历程。伴随着快速工业化进程和工业化阶段的飞跃，智能制造产业成为助力中国高质量发展的生力军，移动机器人的兴起就是其中的一个代表。世界技能大赛移动机器人项目是精密制造、物联网和人工智能技术相融合的比赛项目。

北京时间2019年8月28日凌晨1时25分，第45届世界技能大赛组委会宣布，移动机器人项目的金牌获得者是来自中国的胡耿军与郑棋元。

郑棋元

“我和搭档踏上领奖台时，目之所及都是中国同胞在挥动国旗，那一刻我们都落泪了。”回想起站在领奖台的一幕，郑棋元记忆犹新。经过 4 天 30 多个小时的奋力拼搏，他们以 763 分的高分终结了韩国队在该项目蝉联五届冠军的历史，实现了中国选手在世界技能大赛移动机器人项目中金牌零的突破。

在全球范围内，移动机器人研究只有几十年历史，我国在该领域起步较晚。相比实力雄厚的韩国队，胡耿军和郑棋元在比赛中面临诸多困难，也背负着巨大的压力。2019 年，在争夺出征喀山移动机器人项目正选选手名额的比赛中，胡耿军和郑棋元的个人排名分别为第三和第四，并不是大家最看好的选手。但谁也没想到，两个人的力量凝结一处，使这对组合迸发出令人惊喜的“聚变”。

胡耿军总有好点子，不愁没创意；郑棋元遇事冷静，做事踏实。在两人心里，彼此就是最好的搭档。在全国选拔赛 3 进 1 的备战时期，为了争取更多调试时间，他们每天集训到晚上 10 点后，还抱着沉重的机器人步行回酒店继续“战斗”——床板上铺满画好路径的纸张，为了给机器人留出行动空间，他俩缩在床尾控制电脑。遇到问题，两人一起想办法。在一点一滴的合作演练中，他们的默契逐渐培养了出来。

胡耿军

郑棋元（前）和胡耿军（后）

默契的另一面是磨合，两个“较真”的人在一起，会有矛盾。“我们都希望它能更完美，所以对彼此要求很高。”胡耿军还记得，有一次，他和郑棋元因为新场地路径规划产生了分歧。“这样设计很完美，速度更快。”负责软件部分的郑棋元拿着自己改进的成果向胡耿军展示。胡耿军却认为：“软件上这个可行，但硬件上没法实现，可能影响比赛。”两人又演练了很多次，渐渐地都有了新的认识——“你是对的，确实实现不了。”“你的想法也有可取之处，我觉得可以这样改进……”这种分歧，从不影响两人的感情，反而让他们获得新的灵感。胡耿军说：“没有这个过程，很难做出更好的。”打磨既诞生了精品，也让他们更懂理解和尊重。

2019 年 8 月，胡耿军和郑棋元如愿奔赴喀山。因为环境发生了较大的变化，郑棋元开始感冒发烧；胡耿军也在搬运设备时意外拉伤了手腕。面对困难，两人互相鼓励，克服了身体不适带来的影响。

郑棋元说：“比赛第一天早晨，我们还开玩笑，谁要是在赛场上失误了，可要接受惩罚。”万万没想到，这个玩笑中的情况真的出现在了赛场上。

比赛次日，大家面对的都是完全未知的比赛任务，每支队伍都要使出看家本领才行。第一次调试，胡耿军和郑棋元就被“当头打了一棒”。由于之前测量场地时忽略了一个重要元素的位置参数，程序卡死，无法完成既定任务。意外产生的惊悸只持续了几秒钟，两人便迅速冷静下来，找到了问题的症结，制订了新的方案。15 分钟就这样转瞬即逝，重新编写程序。随着时间的流逝，压力变得越来越大，手里写着代码，脑中想着下一步可能出现的问题。第四次调试，完全成功。这一天，中国队丢掉了 1.3 分，而韩国队是满分。

赛场情况瞬息万变。第三天，软件调试没有达到最佳状态，机器人在作业时突然出现故障，在原地停了 40 多秒，大家的心一下子悬了起来。“对不起，我失误了……”面对郑棋元的自责和道歉，胡耿军送上一句轻松的谅解：“这不怪你，修补好漏洞，我们完全能赶上来！”搭档的宽慰，让郑棋元的脸上露出了笑容。凭借良好的心态和默契的配合，他们化压力为动力。中场休息时，郑棋元迅速调试好软件，确保机器人不再出差错。

最后一天是硬件操作环节，胡耿军的操作关系着比赛最后的成败。到了现场他们才知道，因为场地信号干扰的原因，要从第一视角转变为第三视角操作，这无形中增加了比赛难度。“今天换我给你加油打气！”郑棋元的鼓励缓解了胡耿军紧张的心情。最终，他们实现了对韩国队的反超，终于代表中国站在了世界技能大赛的最高领奖台上。

技能面面观

移动机器人项目

移动机器人项目是运用相关的理论知识和实践操作经验，围绕机器人的机械和控制系统进行工作的竞赛项目。

在世界技能大赛的征途上，每位选手都对团队力量有深入的感知，对团结精神有深刻的领悟。不仅是团队项目，任何一个项目的背后其实都有专家、教练、翻译等组成的团队在共同奋斗。只有相互勉励、掏心见胆、并肩战斗、彼此支持，才能将每个成员的力量紧紧拧成一股绳，才能成就中国技能今日的胜利和明天的辉煌。

竞赛有我

二

大赛竞猜

猜一猜，下面各段分别描述的是哪个赛项？将你的答案填在横线上。

①这个赛项对技能的要求主要包括工作的组织及管理能力、制图能力、原型设计能力、原型制作能力、原型喷漆和装饰能力。

这是__________赛项。

②这个赛项对技能的要求主要包括诊断与校正；更换需要焊接的面板和部件；拆卸、重装或更换以及重组内外部件和面板；正确选择、组装和使用工具或设备；修复车身相关件，如车身电气诊断、塑料件修复和玻璃更换等。

这是__________赛项。

③这个赛项对技能的要求主要包括根据布线和端接等技术标准，完成光缆、铜缆、电缆架和信息点以及终端设备的安装；测试光缆和铜缆的性能；排除光缆和铜缆的故障；安装调试无线网络、智能家居和网络应用等。

这是__________赛项。

践行不辍

结合本篇的人物事迹，谈谈个人赛项和团队赛项所体现的精神品质有何异同，团队赛项所体现的特有精神品质给你怎样的启示，由此你想到在学习和生活中的哪些事情上可以自我完善。

总结表

______赛项所体现的精神品质	自我完善的内容

请将这里的思考结果纳入绪论践行计划的后续设计。

重在参与

选择 2 ~ 3 位本篇选手，制作电子演示文件，宣传他们的事迹，突出他们自立自强、精益求精、团结协作的精神品质，让更多的同学了解世界技能大赛对个人成长的意义。要求每人制作自己的电子演示文稿，在小组内展示，每人限时 3 ~ 5 分钟。

中篇：砥砺出英雄

技术工人队伍是支撑中国制造、中国创造的重要力量。职业技能竞赛为广大技能人才提供了展示精湛技能、相互切磋技艺的平台，对壮大技术工人队伍、推动经济社会发展具有积极作用。希望广大参赛选手奋勇拼搏、争创佳绩，展现新时代技能人才的风采。

——习近平

第四课

尖兵是这样练成

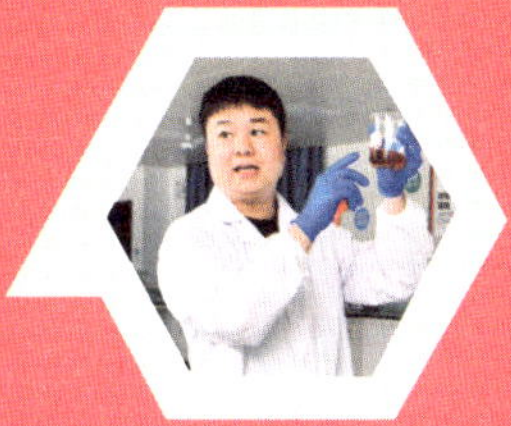

一分钟，两分钟，一个小时，两个小时……托着砖头的手颤抖得越来越厉害，汗水不断流淌。“还能坚持吗?”赵脯菠问自己。一定要坚持，要坚持到底！这是他对自己的要求和承诺，即便全身酸痛，即便汗水模糊了视线，他也从未放弃。

备赛训练的时光从来都是痛并快乐着。肖星星、曾璐锋、田镇基等世界技能大赛选手，虽然比赛项目不同，但成功的路上都历经了千淘万漉、千锤百炼。

艰难困苦，玉汝于成。

拼搏、坚持、奋进，刻苦磨炼本领。

什么是尖兵？冲锋在前，逢山开路，遇水架桥，攻城拔寨，使命必达。因此，尖兵要有高超的技能、超强的定力。这并非与生俱来，而是以汗水淬炼，由意志铸就。技能竞赛中的选手们就是技能健儿中的尖兵。他们一路走来，以更多的艰辛，换更好的明天，成为国家的骄傲。

顽强拼搏

顽强拼搏是所有成功的关键，是社会主义建设者应有的品质。对于竞赛，顽强拼搏更是至关重要。世界技能大赛是国际顶级技能赛事，是世界级的高手过招，是不同国家和地区的青年在技能领域的较量。世界技能大赛也是一个难得的与世界范围内技能人才充分交流、相互学习的平台，是选手一生中宝贵的机会。中国技能健儿深知世界技能大赛的意义，他们不怕困难，无惧失败，拼尽全力提高自己的技能水平、心理素质等，毫无放松懈怠。

从一名中考落榜生到世界技能大赛冠军，肖星星用自己的努力拼搏，诠释了“技能成就精彩人生”的真谛。

2014 年 12 月，肖星星参加了学校的技能竞赛，获得电气

肖星星

装置项目一等奖，入选学校电气装置工作室，开启了世界技能大赛集训选拔的征程。2016 年 8 月，在第 44 届世界技能大赛电气装置项目全国选拔赛中，肖星星获得第 9 名，并入围了国家集训队。进入国家集训队训练后，肖星星更加刻苦，但在 5 进 3 考核中以微弱差距获得第 4 名，最终无缘登上擂台。不服输的个性再次唤醒他，他决定再寻机会放手一搏。他返回学校，继续学习和训练，备战下一届世界技能大赛。

肖星星

规律而艰辛的日程开启：无论刮风下雨，每天坚持 3 000 米晨跑；工作室、宿舍两点一线，每天训练时间不少于 12 个小时；夏天，汗流浃背不停歇，冬天，寒冷入骨也坚持……高强度的训练，练就了他日臻精湛的高超技艺。他坚信，只要全力以赴备赛集训，就能脱颖而出。面对新的技术难题，面对一次次新的挑战，面对不同的赛场环境，肖星星努力在比赛过程中让自己的内心不断强大。在国家集训队历次选拔赛中始终保持第一名，并最终获得正式代表中国参加第 45 届世界技能大赛的资格。

肖星星

我们都赶上了好时代。崇尚技能，尊重劳动，我们可以通过技能实现高质量就业，改变自己的生活。掌握技能，就业不愁！

2019 年 8 月，肖星星与来自俄罗斯、韩国、日本、瑞士等 40 个国家和地区的选手同台竞技。凭借多年的苦练、扎实的基本功和稳定的发挥，肖星星最终以高出第二名 10 多分的成绩，获得了第 45 届世界技能大赛电气装置项目金牌，这也是中国队首次在该项目上夺金。

技能面面观

电气装置项目

电气装置项目是运用传统和现代技术，对各类商业、民用以及工业项目的电气设备及系统进行设计、安装、调试、运行的竞赛项目。

世界上没有突如其来的成功，每一次成功的背后，都是充满汗水的坚持，正所谓“千淘万漉虽辛苦，吹尽狂沙始到金”。从参加学校选拔，到登上世界技能大赛舞台，选手“千淘万漉始到金”的过程，也是自己在“千淘万漉”中磨炼成真金的历程。顽强拼搏的又岂止是肖星星，哪一位最终来到世界技能大赛赛场的中国选手不是历尽艰辛、拼尽全力呢？

永不言弃

荀子说：“锲而舍之，朽木不折；锲而不舍，金石可镂。”锲而不舍，就是不放弃；就是为了既定目标，能承受长期的艰难困苦；就是面对轻松和艰辛的岔路能选择后者；就是遇到再大的挫折也不低头；就是明知希望微渺依然坚定。曾璐锋等技能健儿就是这样一群永不言弃的人。

曾璐锋

2015年，高考结束的曾璐锋放弃了家人推荐的医学院校，选择了江西环境工程职业学院环境工程技术专业。一入校，他就积极参加学校的各种技能培训和技能竞赛，专业课成绩排名一直稳居前三。2017年11月底，曾璐锋进入企业实习，成为一名运维技术员。他的理想是成为顶级工匠，为保护生态环境、建设美丽家乡贡献自己的力量。

“第45届世界技能大赛有一个水处理技术项目，你可以回学校参加比赛吗?”一天中午，正跟同事检修设备的曾璐锋突然接到了学校老师的电话。选择参加比赛，意味着辛苦，而且不一定就能取得好成绩；选择企业工作，能马上有经济收入，但也意味着放弃冲击世界顶级竞赛的机会。处在人生抉择的十字路口，曾璐锋没有放弃理想。他毅然回校开始准备比赛，凭借扎实的专业知识和优秀的职业素养，曾璐锋在省赛中顺利出线。

接着是全国选拔赛。谁料比赛第一个模块曾璐锋就没有做完，幸好他迅速调整了心态继续比赛，最后以全国第二名的成绩进入了国家集训队。在最终考核前的几天，曾璐锋在一次体

曾璐锋

我希望通过学习环境保护的相关知识，为保护生态环境、建设美丽家乡贡献自己的力量!

能训练中扭伤了右脚脚踝，他忍着疼痛完成了选拔赛，并获得了第一名，成为代表中国参加世界技能大赛的选手。

拿到世界技能大赛题目当天，曾璐锋的第一感觉就是跟想象中的差别太大，很多内容此前根本就没有见过。“可我不能放弃！因为我代表着国家！”

第一天考核曾璐锋出师不利，平时比较熟悉的泵管阀拆装直到比赛时间结束他也没能完成，这一下就比别人少了六七分。第二天是泵维护考核，因为前一天失利，这场考核曾璐锋特别小心，发现了考核模块以外的设备故障，只可惜他当时没有向裁判提出疑问就进行了维修，结果造成了不必要的失分。

尽管连着两天下来曾璐锋已经处于十分不利的情形，但他依然不放弃。在团队的帮助下，他及时调整心态，沉着冷静应对，最终凭借扎实的实践操作和精湛的技艺水平，顺利完成了接下来所有模块的操作，获得水处理技术项目金牌。

曾璐锋（中）

技能面面观

水处理技术项目

水处理技术项目是对城市或工业供水和废水处理系统进行管理、监控和维护的竞赛项目。

回顾从参加选拔到走向世界技能大赛赛场的整个过程，曾璐锋几乎每遇关卡都面对困局，但最终都能破局而出。他在一次次落后、一次比一次更艰难的逆境中咬牙坚持，从未放弃。永不言弃就是刻进曾璐锋等中国选手灵魂中的精神气质。他们从哪里跌倒就从哪里爬起来，临危不乱，从而成就更好的自己。

不待扬鞭自奋蹄

世界技能组织规定，每个成员在每个竞赛项目中只能选派1名（组）选手参赛；每名（组）选手只能参加一个竞赛项目的比赛，且只能参加一届世界技能大赛。也就是说，每名参赛选手在世界技能大赛舞台上比拼的机会一生只有一次。

时光不等人，机会不再来。任何一项成绩的取得，都必须抓住机会，积极“劳作”；任何一项技能臻于完美，都必须找到所有可能，主动给自己“挑刺”“加码”。世界技能大赛选手和教练们知道，强中更有强中手，一山还比一山高，不能局限于比赛的题目和规则，必须在有限的时间内使所有可能提高的能力都得到锻炼。

2015年，学校数控集训队刚开始招考，田镇基就报了名。

田镇基

广州的夏天，30 多摄氏度的高温，铁皮搭建的简陋车间内又闷又热，汗水浸透的工服都能拧出水来。机床弹出来的铁屑滚烫，弹到衣服上，工服都会被烫穿。100 多人的集训队，不到两个月只剩下 40 多人。田镇基不怕苦，扎进车间一练就是一整年。从普通车床到数控车床，从普通铣床到数控铣床，从制图、编程、测量到零件工艺，训练、竞技，循环往复。田镇基一步步闯过省选拔赛、全国选拔赛，入选国家集训队。最终，他以项目第一名的成绩拿到了第 45 届世界技能大赛的入场券。

尽管田镇基训练成品的精度已经达到了“复兴号”高铁齿轮箱的加工精度，教练依然不断加压，加入干扰训练，让他接受一个个意想不到的考验：整齐摆放、平时顺手就能拿到的 50 个刀头，突然消失了一个；几经检测达标的成品，突然被告知出现检测误差，必须重来……

教练这样评价：“当大部分同学坚持不住的时候，他依然在坚持，而且这种坚持不是一朝一夕，而是经年累月。”

历经4年磨砺、层层闯关，田镇基已百炼成钢。2019年8月24日，俄罗斯喀山第45届世界技能大赛数控铣项目比赛进行到第二天，各国选手都使出浑身解数，紧张而专注地操作着。

田镇基

“咔！”突然，田镇基在切割工件时，刀具断了。久经各种意外干扰考验的田镇基不慌不忙，立即停机查找原因、核查零件，当他发现只有一个次要尺寸受影响并不影响整体精度时，他便果断地又投入到赛程中。

两天后，喜讯传来，临危不乱的田镇基夺得数控铣项目金牌，实现了中国选手在这一项目的“三连冠”。

技能面面观

数控铣项目

数控铣项目是利用数控铣床（加工中心）对工件进行金属铣削加工的竞赛项目，以切削刀具去除材料的方式来完成工件制作过程的竞赛项目。

胸中有志向的人，即使没有外界施加压力，也会自觉地朝着自己的目标前进。田镇基等中国选手“不待扬鞭自奋蹄”，即使比赛没有新要求，他们也要在训练中自加难度、提高能力，积极主动臻于至善，在赛场上一鸣惊人。

匠星闪耀

北宋文学家苏轼说：“古之立大事者，不惟有超世之才，亦必有坚忍不拔之志。”大致意思是说，自古以来能够成就伟大功绩的人，不仅仅要有超凡出众的才能，也一定要有坚忍不拔的意志。赵脯菠就是这样的“立大事者”，他用无数的艰辛换来了一身顶尖的本领、一份夺目的荣耀。

1997 年，赵脯菠出生在四川省凉山彝族自治州会理县一个小村庄。初中毕业，稚气未脱的他来到了攀枝花技师学院，选择了焊接专业。

焊接又苦又累，但赵脯菠让自己更累：托砖，一托就是几个小时，这是为了增强腕力；练蹲功，时时处处是场地，蹲到大脑供

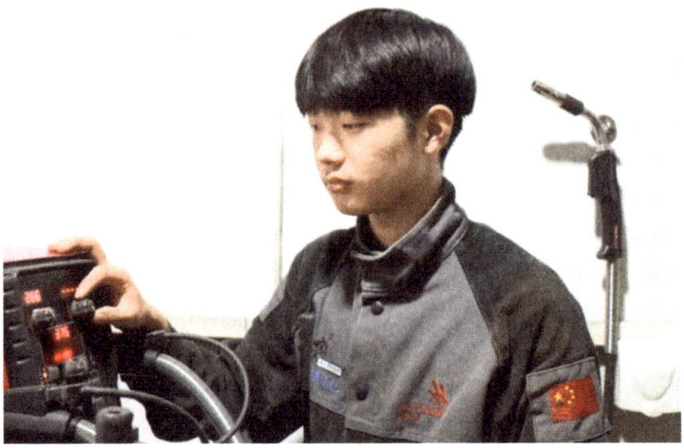

赵脯菠

血不足，站起来眼前发黑……这些都不是老师布置的作业，但赵腩菠就是要用更高的标准要求自己。

仰焊是四种基本焊接位置中最困难的一种，焊接时熔池处于工件正下方，受重力影响焊缝成型控制难度较大。赵腩菠初学仰焊，对仰焊的引弧位置、电弧长度、摆动幅度及各项焊接参数等经验不足，导致焊缝成型存在较多缺陷，为此他苦恼不已。在老师的指点下，他通过多问、勤学、苦练和琢磨，在较短时间内掌握了技术要领。他的进步是显而易见的，焊接岁月留给他的痕迹也同样明显，尽管安全防护已经十分到位，但弧光照射和高温炙烤仍无法避免，电弧灼伤了他的脸颊，熔融的铁水与焊渣烫破了他的皮肤，特别是持焊枪的右手留下多处焊接人特有的、抹不去的印记。对此他乐观地说："既为焊接人，怎无焊接痕？"焊接岁月留给赵腩菠

赵腩菠

一种与他年龄不相符的成熟与稳重。

也许，这就是大凉山的精神吧——他就是要让自己苦着、累着，在磨炼中成长！

一场小型的焊接比赛，让赵脯菠有了新的想法。优胜者可以进入学校的精英班，在那里授课的主要是中冶集团焊接技能大师周树春。80 多人参赛，赵脯菠以第一名的成绩如愿以偿地进入了精英班。这是他第一次参加竞赛。随后，就与竞赛结下了不解之缘。

接下来就是一场接一场大大小小的比赛了。赵脯菠总能胜出，似乎胜利对他而言就是那么容易，容易到同学开玩笑地说："你可以躺着参加比赛了。"

2017 年 1 月，赵脯菠以第 44 届世界技能大赛焊接项目国家集训队第三名的成绩惜败，未能为国出征。他的师兄宁显海成为正选选手，代表中国参赛。

其实，赵脯菠从来没有感觉到胜出的"容易"，输给师兄，他心服口服——师兄从骨子里就是为了捍卫中国焊接的荣誉而战，气势上远远超过了那

训练笔记

今天我想记录一下和师父的交谈收获。我的师父是被称为"工人院士"的周树春。在我之前，他已经培养了两位世界技能大赛冠军，同时，还有 50 多名同门师兄师姐在各级比赛中获得名次和荣誉称号。集训队的训练难度超乎想象，队里的师兄师姐实力超群，我觉得自己的水平没什么希望，今天便有了中途退出的念头。师父找到我谈了很多。我也才知道，两位冠军，50 多名同门师兄师姐中，大部分和我一样，来自农村地区的贫困家庭，都经历了同样的艰苦磨砺和激烈比拼，最终都凭借技艺改写了命运。我对我的选择不再后悔！我坚信，只要继续努力，这些璀璨的焊花和"美丽"的伤疤将陪我走上世界技能大赛的最高领奖台，实现我的冠军梦想。

时的他。但是，赵脯菠没有气馁，师兄宁显海在第44届世界技能大赛中获得焊接项目冠军的喜讯激起了赵脯菠更强的斗志。“我跟宁师兄一起训练过，知道师兄这一路是怎么走过来的。我也要像师兄一样参加世界技能大赛！”赵脯菠给自己打气。

2018年3月，赵脯菠获得第45届世界技能大赛焊接项目四川省选拔赛第一名。6月，他以全国选拔赛第一名的成绩再次进入国家集训队。那时，赵脯菠的信念只有八个字：中国焊工，焊接世界！

近40摄氏度的高温、厚厚的焊接防护服、每天12个小时以上的训练，为了保证效果，焊接时还要关掉风扇……大凉山里的孩子特别能吃苦，特别能战斗——这是第44届、第45届世界技能大赛焊接项目中国技术指导专家组组长刘景凤的评价。这个评价恰如其分。赵脯菠的战斗精神，更多来自自我挑战。当他最后成为正选选手时，这种自我挑战转化为“用实力捍卫中国焊接尊严”的神圣使命！

2019年8月22日，第45届世界技能大赛正式开始。4天4个模块：单件焊接、低碳钢压力容器焊接、铝合金构件焊接、不锈钢构件焊接；4天3种材料、4种手工电弧焊方法，共计90条焊缝的焊接。赵脯菠一手端着焊枪，一手捏着焊丝，在一块块钢板上轻点慢抹，火花四溅，缕缕青烟腾空而起。只见焊丝跟着焊枪的节奏匀速游走，焊缝在一层层弧形线条中慢慢展开，像鱼脊骨般均匀、平滑，焊纹如鱼鳞般致密、漂亮……

34个国家和地区的35名裁判集体评审，经射线探伤、压力测试、外观审查等多项评判，评审团给出了赵脯菠最后的成绩93.53分。当地时间2019年8月27日晚，赵脯菠如愿登上了冠军领奖台。

焊接竞赛项目经理、澳大利亚焊接专家保罗在抵达悉尼机场后，给中国焊接专家刘景凤发来短信：“中国获得金牌，实至名归。”

尖兵是这样练成的：靠顽强拼搏，克服万难；靠锲而不舍，永不言弃；靠坚忍不拔，奋勇向前。赵脯菠身上的“焊痕”就是新时代中国技能健儿的“军功章”。无论前方有多少艰难险阻，他们都会闯关夺隘，开辟出前行的道路，他们是当之无愧的技能尖兵。

第五课

山登绝顶我为峰

2017 年 10 月 19 日，阿联酋阿布扎比，第 44 届世界技能大赛颁奖仪式上，世界技能组织主席西蒙 · 巴特利走上颁奖台，庄重地宣布：“本届大赛‘阿尔伯特 · 维达大奖’得主是中国选手宋彪！”那一刻，全场一片沸腾，人们欢呼着，为中国喝彩。

同一天，同一地点，同样来自安徽乡村的崔兆举也完成了自己的“巅峰之旅”；两年后的俄罗斯喀山，接触建筑石雕仅两年的郑权在这个欧洲传统优势项目中一举夺魁；而曾经只能发传单、搬砖头的技能“小白”梁攀则逆袭斩获了中国第一枚电子技术项目金牌。

超越、突破、登峰，勇践凌云壮志。

2020 年 5 月 27 日，当世界技能组织的会旗在珠穆朗玛峰上展开，我们感受到的是技能问鼎世界之巅，是在世界技能发展史上留下“中国印记”的荣耀。然而，我们更要知道，这一壮举的背后是登山队员默默地从山脚下一步步攀登到 8 800 米之上的种种艰险，是对自身体能极限的次次超越，是对岩壁、冰面等难关的个个突破。这就像中国的技能健儿，他们在生活中都很平凡，有的选手起点甚至比一般人还要低些，但他们在技能成才、比赛竞技的道路上突破重重艰难险阻，不断超越自我，攀登上技能竞赛的巅峰、人生的第一座高峰。

超越自我

知己知彼，百战不殆。竞赛中，首先要做到超越自我。超越的本质是打破一种规则、一种局限、一种固有的东西。每个人的认知都有特定的范围，处理事情有特定的习惯和固定的模式，体能和技能也都有上限。超越自我，就是迈出舒适圈，越过“地平线”，以坚定的意志获得更新、更深刻的认知，获得更强大的力量、更高超的技能，建立新的习惯，形成新的做事模式。当一个人完成对自己的超越时，就会进入一个新的、更高的层次，就能成就更好的自己。

2014 年，初中毕业后，16 岁的崔兆举从安徽省砀山县来到浙江建设技师学院，学习建筑专业。2015 年 5 月，通过考核入选学校世界技能大赛瓷砖贴面项目集训队，一路拼搏晋级，最终代表中国参加了第 44 届世界技能大赛瓷砖贴面项目的比赛。

大赛第一天，崔兆举就遭遇了一系列连专家组、教练组都未曾预料到的突发状况——对上届比赛规则的改变。“我国是建筑业大国，也是建筑业强国。但前三届比赛，我国均与奖牌无缘。这次面对挑战，如何赛出国家的骄傲、贴出自己的水平，路径只有一个：结合建筑施工质量分析中的‘人、机、料、法、环’等因素进行综合分析，形成成熟的施工方案，将作品做到极致、无可挑剔。超越自己，才能战胜对手。”崔兆举想起总教练于建友对他说的话，很快调整好心态，和团队一起冷静分析新规则，制定应对策略。

崔兆举

崔兆举

赛场上，砖缝允许间隙是1毫米，崔兆举做到0.5毫米；平整度要求水平尺靠在贴面上连一张A4纸都不能插进，他做到不透光；对图案镶嵌和凸面拼接中的不规则形状瓷砖，他借助玻璃刀徒手整形，速度比机器切割打磨更快，精度更高，切面非常细腻；他采用自上而下这种最适合自己的贴面工艺，保证垂直度没有丝毫偏差……

提前 20 多分钟，崔兆举完成了全部作品的施工，是该项目 26 位选手中唯一一位提前完成作品的，并最终以 736 分的总分高居瓷砖贴面项目榜首。崔兆举知道，通过奋斗，他已经超越了自己。

“超越自己，才能战胜对手。”崔兆举用自己的行动给这句话做了最好的诠释。当他身披五星红旗登上最高领奖台的那一刻，超越自我的意义得到了完美证明。在这个赛场上，中国技能青年不断完成超越，向着更高的目标奋进。

技能面面观

瓷砖贴面项目

瓷砖贴面项目是在多种建（构）筑物的墙面、地面和楼梯上铺设陶瓷、马赛克或天然大理石等材料以起到保护和装饰作用，以及用砖或块材组砌小型墙体和台阶的竞赛项目。

勇于突破

80 多年前，红军开始了二万五千里长征。这支英雄的队伍抢渡金沙江，强渡大渡河，爬雪山，过草地，奇袭腊子口……突破重重天险和封锁，终于到达陕北。雄关漫道真如铁，而今迈步从头越。当代的每位技能青年都有自己的“长征”，学习每一个方面的知识，提升每一项技能，都是在突破关卡。狭路相逢勇者胜，只有勇敢向前，冲破阻碍，硬生生开出道路，才能收获成长，才能到达梦想的彼岸。中国的技能健儿在世界技能大赛的“长征”中，更需要突破知识、技能、规则、干扰等各方面数不清的关卡，才能从普通学生、普通技能从业者一步步蜕变为技能竞赛的骄子。

世界技能大赛建筑石雕项目的金牌，基本上被欧洲国家包揽，但中国没有畏缩。2017年10月，世界技能大赛中国组委会决定，从第45届世界技能大赛起，中国代表团正式参加该项目的比赛。

郑权

2017年11月，就读黄山职业技术学院雕刻艺术设计专业才两个月的郑权正式加入建筑石雕项目集训队；2018年6月，他以全国选拔赛第一名的成绩入选国家集训队；2019年3月，成为正选选手。备赛过程中，郑权面临的最大难关与其他选手有所不同，不是知识不足或技能不高，而是他需要充分理解建筑石雕艺术，将技术与艺术完美结合起来，也就是要吃透建筑石雕的精髓。只有这样才能与欧洲选手抗衡，也只有这样才能让自己成为一名融中西方文化于一身的石雕艺术家，而不是一个只会勾勒切磨的普通石匠。这种追求，让他手下的每一块石料都有了既规则又玄妙的形态，每一根线条都有了既精准又独特的韵味，每一个点面组合都有了既分明又和谐的画面。

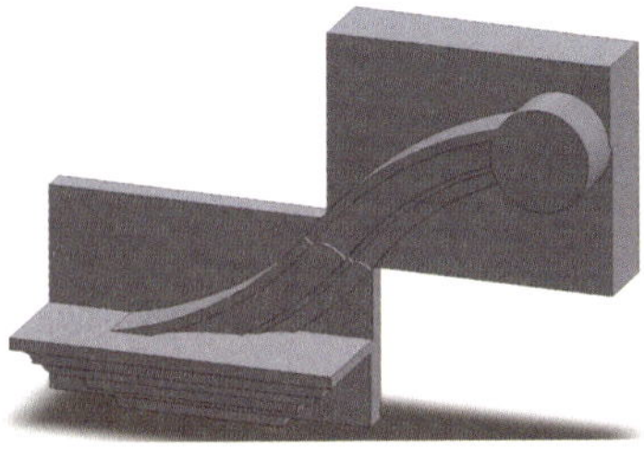

郑权作品组装图

郑权作品一

郑权作品二

比赛正式开始。看到图样的那一刻，郑权内心不禁一阵紧张，因为图样标示的工作量远超往届，难度比上一届起码高出30%。郑权将图样上抽象的线条在脑海中还原成一座恢宏建筑上的构件——建筑是有生命的，而手上将要加工的构件，就是这生命之声、灵魂之源。17个小时，两块石具在郑权手上成型。当郑权最后用水清洗石具的时候，一位匈牙利专家说："这样精准的造型，实在是令人赞叹，在没有机器雕刻的古代，这是一件顶级石雕工艺师才能做出的作品。"

第45届世界技能大赛闭幕式上，建筑石雕是第一个颁奖的项目。郑权披着鲜艳的五星红旗，站上了世界技能大赛的最高领奖台。

技能面面观

建筑石雕项目

建筑石雕项目是根据图样指示完成模板剪切，并对石材进行精确的细节雕刻及文字、图案雕饰的竞赛项目。

这是一块分量十足的金牌。赛前，谁能想到这个充满欧洲元素的项目会由首次参赛的中国选手夺魁？对于入门才两年的郑权来说，曾经面临的关卡都是难关，他成功冲了过去。中国人从来就不缺突破难关的勇气：从长江大桥到港珠澳大桥，从东方红一号卫星到天宫空间站，从改革开放初期国内生产总值仅几千亿元到 2021 年国内生产总值高达 114 万亿元，稳居世界第二，中国正在创造发展奇迹，中国青年也正在创造技能奇迹。今天的技能学子更应该以同样的勇气，继续闯关夺隘，铸造明天的辉煌。

谁言寸草不争高

有一个童话：高山下的大树对树荫笼罩的小草说，你太矮，看不见远处的风景。小草笑着没说话。大风吹过，草籽飞离了那片树荫，数起数落，几经曲折，终于飞上了山巅。可是，那里仅有光秃秃的岩石，草籽只能藏在岩缝里。来年春天，一株青草冒出了岩缝，它比山顶的岩石高出一寸，终于可以尽情欣赏身下无尽的山河画卷。

中国技能健儿就像生于山下的草籽，起点往往不占优，最终却屡创佳绩。草籽登顶靠的是风，健儿攀山以技能为杖。草籽咬定青山不放松，健儿披荆斩棘不回头。他们把不可能变为可能，在攀登中创造历史，在奋斗中绽放青春。

2012 年，15 岁的梁攀初中毕业时跌入人生低谷，经历了中考失利、父亲病故的打击后，梁攀背上了行李，跟着亲戚去打工。但

梁攀

上学少、缺技能的他只能干一些端盘子、发传单、搬砖头、搅水泥的工作。他还曾在电子厂的流水线工作过，单调重复的劳作让梁攀深深意识到："没点技能是不行的。"于是，他决定重返学校。

2013 年 9 月，打工一年的梁攀返回校园。经历过人生波折、体验过生活艰辛的梁攀，格外珍惜这来之不易的求学机会，他决心从头开始，靠技能改变命运。2015 年 12 月，他进入第 44 届世界技能大赛电子技术项目重庆集训队，从此开启了一段汗水与梦想随行的备赛参赛求技历程。他听见了自己内心的呼喊："参加世界技能大赛，做世界冠军，做中国电子技术领域的佼佼者！"

2017 年 1 月，他参加 10 进 5 考核并顺利晋级，在 5 进 2 考核中遗憾地以第三名落选。但他得到了一个宝贵的机会——可以随团前往第 44 届世界技能大赛现场观摩。那一届，电子技术项目的中国选手再次止步于优胜奖。在观众席上的梁攀心潮起伏，暗下决心："下届，我一定要再来！"

梁攀

星光不问赶路人，时光不负有心人。2018年6月，在世界技能大赛全国选拔赛上，梁攀以第一名的成绩入选国家队，并在之后的集训中一路过关斩将，最终代表中国出征第45届世界技能大赛。经历赛场的一波三折后，梁攀终于拿到了中国代表团为之连续奋战三届的电子技术项目金牌。

梁攀

要坚信自己的选择，用奋斗定义人生价值，在奔跑中抵达新的远方。让技能点亮青春，跟我一起来！

技能面面观

电子技术项目

电子技术项目是运用电子元器件设计和制造某种特定功能的电路或编制某种功能要求的程序代码以解决实际问题的竞赛项目。

小草与大树相比是那样渺小，但长在山峰上就比山更高。青年人即使处在人生低谷，似乎成了不被命运青睐的“草根”，但只要心中有梦想，像梁攀一样勇敢向上攀，那曾经需要仰视的群山，终究会变成脚下的无限风光。

山登绝顶我为峰！

匠星闪耀

唐代开元年间，青年杜甫漫游齐鲁，描绘泰山，写下了"会当凌绝顶，一览众山小"的豪迈诗句，抒发了不怕困难、敢于攀绝顶俯众山的雄心壮志。逝者如斯，不舍昼夜。一千多年以后，宋彪等青年选手也来到世界技能大赛的"泰山"和"珠峰"脚下，他们一如当年的杜甫，立志"会当凌绝顶，一览众山小"。

如果说，领奖台是世界技能大赛之巅，那么，群巅之上还有一颗明珠，那就是以世界技能组织创始人的名字命名的奖项——"阿尔伯特·维达大奖"。它只授予每一届大赛所有项目中得分最高的金牌选手，因此，每届比赛只有一名选

宋彪（右）

手可以获此奖项。

2017年10月19日晚，世界技能组织主席西蒙·巴特利将第44届世界技能大赛“阿尔伯特·维达大奖”颁给工业机械装调项目金牌得主中国选手宋彪。

宋彪

宋彪，这个中国亿万青少年学子中的平凡学生，这个来自中国普通农民工家庭的农家子弟，这个第一次参加技能大赛就闯出校门、冲进国家队、出征世界技能大赛的技能青年，一次就收获了世界技能大赛巅峰上的明珠。

1998年出生的宋彪，从小和爷爷奶奶为伴，直到2014年才从安徽省蚌埠市怀远县邵楼村来到长年在江苏省常州市打工的父母身边，入读江苏省常州技师学院模具制造专业。

宋彪的学业基础并不算好，但农家子弟的质朴、勤劳、憨厚都得到了爷爷奶奶的真传。他从小爱玩泥巴、堆小人，稍大一点就喜欢拆卸父母买给他的玩具，甚至家里的闹钟也被他拆成一堆零件。这种好奇心所造成的“破坏”在爷爷奶奶和父母那里都没有受到责备。或许这就是宋彪问鼎世界技能大赛的第一步。

宋彪来到常州技师学院，第一次代表班级参加学校技能节比赛，名落孙山。他主动找到班主任说：“不要对我失望，我会努力的！”这句话不经意间传到了系主任宋军民的耳朵里，这位业内资深的技能竞赛专家下意识地记住了这个名字。2015 年 10 月，学院组建世界技能大赛特训班，宋军民直接点名宋彪加入。

工业机械装调项目需要运用车削、铣削、焊接、钣金、液压及电气系统装配等多种技能制作一台具有实用功能的小型设备。做出一台这样的设备，要求每一个动作、每一个零件、每一次调试都一次成功，这需要悟性、需要定力、需要精准，宋彪具有这样的潜质。

将日常训练要求直接定在世界技能大赛评分标准之上——这是宋军民下达给教练组的任务。2015 年的寒假特别冷，而 2016 年的暑假又遭遇江苏省气象史上有记录以来的最高温，在没有空调的实训车间里，无论是严寒还是酷暑，特训班学员中坚持到最后的总是宋彪。2016 年 9 月，宋彪进入国家集训队；2017 年 6 月，他成为工业机械装调项目国家队正选选手。

宋彪

这些年，中国职业技术教育发展很快，我希望这个奖杯能激励更多参赛选手、更多青少年走上技能成才的道路。

训练笔记

2016 年 11 月起，我与另外 5 名国家集训队成员在工业机械装调项目国家集训基地参加集训和选拔。那时，获得全国第三的成绩让我清醒地认识到，我与最优秀选手之间还存在差距。

专家、教练帮我找问题，总结分析比赛中的不足，并指导我开展强化训练。

装配调试是我们这个项目中最重要的一个步骤，为了提高装配调试操作的精准度和熟练度，我经常反复加练直至深夜。到后来，在选择装配调试垫片时，我已不需要用量具测量其厚度，光凭手摸，就能做出正确选择。

就这样，在大半年时间里，经过 6 进 3、3 进 2、2 进 1 淘汰选拔，我始终以第一名的成绩出线，成为代表中国出战第 44 届世界技能大赛工业机械装调项目的正选选手。

围绕更高的目标与期待，团队和我全身心地投入备战之中，开展了针对性训练、障碍性训练、国际交流训练、心理及体能训练，同时，我对世界技能大赛的理念、标准、规则进行了更深入的学习。那段时间，我的技能水平、综合素质都有了显著提高。

在备战的最后 3 个月，作为世界技能大赛专家组组长的宋军民为宋彪制订了更为严格的训练计划：高于世界技能大赛技术标准、高于世界技能大赛检测标准、严于世界技能大赛竞赛规则、高于世界技能大赛体能强度，争夺世界技能大赛奖牌。但当宋彪走进赛场前的那一刻，宋军民只是笑着对他说：“比赛其实就是平时训练换个地方而已，该怎么做就怎么做，正常发挥就行。”

厚积薄发，4 天共 21 个小时的比赛，宋彪不但拿到了一块金牌，还以最高得分从本届大赛的 1 200 余名选手中脱颖而出，成为中国代表团获得“阿尔伯特·维达大奖”第一人。

如今的宋彪已经成为高级技师、江苏省最年轻的副高级专业技术职称获得者。他还在不断为自己充电，向着下一个高峰前进。

穷且益坚，不坠青云之志。宋彪的“穷”在于向山顶进发之时，正是名落孙山之际。技能健儿的成功是相似的，哪怕起点再低，哪怕前路有九九八十一难，他们都保持着技能成才的坚定信念，都保持着“会当凌绝顶”的勇气和志向。一路攀缘，他们都善于突破瓶颈，都敢于超越自我，都经受住了种种考验。无论是金牌、银牌、铜牌，还是“阿尔伯特·维达大奖”，在登顶的过程中，他们收获的是各方面能力的增强，更是精神品质的升华。

第六课

闪耀世界中国红

2017 年 10 月 19 日，阿联酋阿布扎比，当主持人念出“蒋应成，China”时，他披着五星红旗冲上领奖台。“身披国旗站上领奖台的那一刻，我内心充满了自豪。我以前从没有想到像我这样一个农家孩子可以通过技能为祖国赢得荣誉。”那天不止一声“China”，当一声声“China”响彻世界技能大赛闭幕式现场时，台上奋力舞动的是五星红旗，台下汹涌澎湃的是红色海洋。

赛场上的每一面五星红旗，就是一抹闪亮的中国红。王晨宇、郑玉辉、胡萍、温彩云……这一连串姓名代表的是中国技能的荣耀，他们拼尽全力争得的是十四亿人的荣光。

参与、争先、创优，人人为国争光。

对技能青年而言，参与职业技能竞赛意味着责任，也意味着荣誉。截至第45届世界技能大赛，已经有179位中国选手出现在这一顶级赛事的竞技场，五星红旗已经85次在领奖台上高高飘扬。一抹抹中国红闪耀世界，新时代技能青年意气风发，为国争光！

参赛即争光

从2010年中国加入世界技能组织开始，我国已参加过五届世界技能大赛，有179位选手曾代表中国出征。他们有的收获了奖牌，有的并没有获奖。中国选手勇担重任，一路拼搏挺进世界技能大赛的赛场，与各国选手切磋技艺，这个过程本身就展现了中国的自信和开放。我国的数控车、数控铣项目都是连续参加了五届，前两届并没有拿到奖牌；在焊接项目上，第41届夺得银牌，第42届是优胜奖。这些项目后来都连连夺冠。“合抱之木，生于毫末；九层之台，起于累土；千里之行，始于足下。”

王晨宇，1994年出生于四川省攀枝花市的一个小山村，初中毕业后进入中国十九冶高级技工学校焊工专业学习。在学校里，他勤学苦练，

王晨宇

王晨宇

喜欢思考，经过自己的摸索、领悟和老师的指点，慢慢成了班里的尖子生。功夫不负有心人，入校第二年，他被选拔为参加世界技能大赛的后备选手。在老师周树春的指点下，他焊接技术突飞猛进。经过层层选拔，2012年6月，王晨宇入选第42届世界技能大赛国家集训队。集训期间，他每天6点半起床跑步，每天训练14个小时以上。汗水换来荣誉之花，2013年5月，他代表中国参加在澳大利亚举行的2013年澳大利亚全球挑战赛，荣获第二名。两个月后，在第42届世界技能大赛上，他的成绩本来处于领先地位，但个别裁判认为他存在犯规情况，导致他的部分成绩被取消。即便如此，他还是依靠近乎完美的作品排名第五，获得焊接项目优胜奖。

王晨宇在赛场上充分展现了中国焊接技能的实力，也为中国参加后续世界技能大赛的焊接项目比赛积累了宝贵的经验。在此后的第43届、第44届、第45届世界技能大赛上，王晨宇的师弟曾正超、宁显海、赵脯菠都获得了金牌。中国的世界技能大赛之旅越走越辉煌。参加世界技能大赛的技能健儿，无论成绩如何，都是中国技能青年队伍的领军者，都为祖国赢得了荣耀。

夺牌为家国

虽然中国参加世界技能大赛起步比较晚，但五次征战，次次有突破。光鲜闪亮的背后，都是技能健儿的汗水，都是技能青年的拳拳赤子心、殷殷爱国情。一抹抹闪耀的中国红，不仅惊艳了世界，更充分表明以青年技能精英为代表的一大批中国高素质技能人才正在迅速成长。他们凭技能为家乡、为国家赢得荣誉，彰显了新时代技能青年的责任意识和使命担当。

技能面面观

中国在世界技能大赛上的获奖统计

世界技能大赛	参赛项目	1	2	3	优胜	
第 41 届 2011 年 10 月 英国伦敦	6	0	1	0	5	首次参赛即实现了奖牌零的突破
第 42 届 2013 年 7 月 德国莱比锡	22	0	1	3	13	参赛项目首次覆盖了全部大类
第 43 届 2015 年 8 月 巴西圣保罗	29	5	6	4	11	实现了金牌零的突破
第 44 届 2017 年 10 月 阿联酋阿布扎比	47	15	7	8	12	金牌数、奖牌数均位列第一
第 45 届 2019 年 8 月 俄罗斯喀山	56	16	14	5	17	荣登金牌榜、奖牌榜、团体总分榜第一

2019 年 8 月 23 日，俄罗斯喀山，第 45 届世界技能大赛综合机械与自动化项目选手郑玉辉做好赛前准备后，郑重地将五星红旗插在自己的工位上。在此之前，这个项目的金牌已经被巴西队垄断了三届。他们实力强劲，经验丰富。郑玉辉能战胜这样强大的对手吗？

郑玉辉

赛题是制造并组装一台机械手自动倒酒装置。22 个小时内，选手需要运用车、铣等方式加工出绝大部分精密的零部件，同时运用 PLC 编程与自动化控制技术设计，调试出能自动完成伸出机械手臂、抓取酒杯、平稳移动、准确将杯内液体倒入指定容器的自动控制装置。

拿到赛题，其他选手便开始操作，郑玉辉却用了半个多小时不停地在纸上写写画画，还不时地进行着各种计算。这是他平时训练养成的习惯，不管花多少时间，必须彻底理解自己的目标任务：完成这个任务需要用到哪些机器、工具，涉及哪些工艺规范，应用何种程序，达到怎样的质量标准，最低需要耗费多少工

郑玉辉

时……

22个小时的比赛，一气呵成。当郑玉辉看着自己的作品自如地抓起一个酒杯，稳稳地转运到指定位置，精准地将液体倒入容器时，很多选手还没有完成整机的组装或停留在调试阶段。郑玉辉赢了，打破了巴西的金牌垄断，开创了属于中国技能选手的自动化新时代。

选手靠拼搏挺进世界技能大赛，他们站在那里就是为了全力争先，创造优异成绩。他们每人心中都有一个奖牌梦，而实现夺牌梦想需要充沛而持久的动力。尤其像郑玉辉那样，面对曾经垄断奖牌的强大对手，迎难而上、勇往直前的征程中，更显动力的底色：为国争光，不负使命。

卫冕真英雄

无论是体育竞赛还是技能竞赛，卫冕都是极其不易的。1981年，中国女排在世界杯上首夺世界冠军，开启五连冠辉煌；2019年，中国女排以11连胜的骄人成绩，成功卫冕世界杯冠军。她们在比赛中不畏强手、敢打敢拼，打出了风格，赛出了水平，充分展现了祖国至上、顽强拼搏的精神。年轻的中国技能健儿传承女排的精神品质，实现了数控铣、焊接2个项目三连冠，车身修理、砌筑、花艺、时装技术等项目蝉联冠军。

胡萍

胡萍，1996年2月出生，北京市工贸技师学院服装专业学生。

温彩云，1998年出生，广州市白云工商技师学院服装设计与品牌策划专业学生。

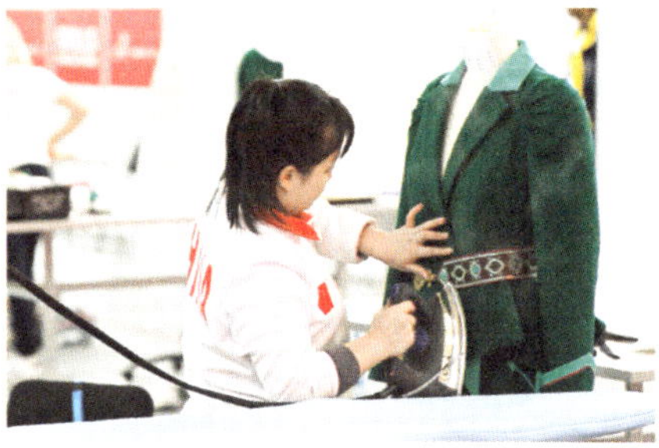
温彩云

2017年3月，一北一南两个城市的女孩在国家集训队相遇，她们都是为了一个共同的目标：向第44届世界技能大赛时装技术项目金牌挺进。这之前，第43届世界技能大赛中国选手陈碧华已经斩获这个项目的铜牌。

2017年6月，经过严苛的选拔，胡萍成为代表中国参赛的正选选手，温彩云遗憾地止步于10进5。

2017年10月，当胡萍登上第44届世界技能大赛时装技术项目冠军领奖台时，温彩云在学校的帮助下，来到广东一家服装企业的晚礼服工艺设计部顶岗实习，为冲击第45届世界技能大赛正选选手进行技术储备。

世界技能大赛备赛期间，每个选手都要经历大大小小各种比赛，经历时间的沉淀和技艺的积累。胡萍如此，温彩云也是如此。

2018年3月，第45届世界技能大赛选拔赛开始了。“蝶变”后的温彩云，经历了广州市赛、广东省赛、全国赛的层层选拔，再次回到国家集训队。

胡萍

温彩云在国家集训队为第 45 届世界技能大赛全力以赴。而此时已拒绝企业高薪聘请的胡萍，正在三尺讲台上传授时装技术的创意匠心。

2019 年 3 月，国家集训队最后一次考核选拔，温彩云拿到了进军喀山的入场券。2019 年 5 月“一带一路”国际技能大赛时装技术项目比赛中，来自 11 个国家和地区的 15 名选手进行了激烈比拼，温彩云拔得头筹，她用实力验证了这张入场券的真正价值。

温彩云

冲刺喀山，鏖战大赛，历经 4 年的磨砺，温彩云最终站上了 2019 年 8 月 27 日喀山之夜的冠军领奖台，成功捍卫了第 44 届世界技能大赛胡萍获得的金牌荣耀。

技能面面观

时装技术项目

时装技术项目是运用时装设计、制版、制作、材料、色彩和装饰等方面的专业知识，根据要求完成时装的设计、制版、裁剪、缝制和装饰等工作的竞赛项目。

卫冕是荣光的延续，是于桂冠上再添宝石，是更上一层楼。卫冕是我国相应领域技能水平不断提升的明证，是国家技术实力显著增强的有力诠释。胡萍和温彩云等中国选手时刻不放松，永远在奋斗，让荣誉与使命的意识融入血脉，让舍我其谁的自信深入骨髓。正是他们的不懈努力换来了世界技能大赛上中国队成绩一次更比一次强的辉煌战绩，也将激励中国各行业技能水平的腾飞。

匠星闪耀

历史和现实都在证明：青年一代有理想、有本领、有担当，国家就有前途，民族就有希望。新时代中国青年，将热血青春书写在技能成才、技能报国的赛场上。蒋应成等一大批风华正茂的青年匠星，奋勇拼搏、争创佳绩，展现了新时代技能人才的风采。

诗人说："走了那么远，我们去寻找一盏灯。"蒋应成寻找的就是通过技能战胜贫困、为国争光的灯，也是改变命运的灯。

1996 年，蒋应成出生在云南省保山市的一个普通的农民家庭。三岁那年，父亲因病去世，爷爷奶奶带着他和弟弟艰苦生活。初三那年，爷爷奶奶也相继离开了，蒋应成兄弟俩又跟着伯父、叔叔们生活。鉴于蒋应成的特殊情况，在 2013 年脱贫攻坚工作伊始，大寨门村委会将蒋应成和弟弟两人纳入"建档立卡"贫困户，让兄弟俩能享受到国家各项脱贫政策，保障兄弟俩的成长和学习不因家庭情况而受到大的影响。

贫寒的家境让蒋应成显得比同龄人更加成熟懂事。初中毕业后，他没有选择到高中读书，而是选择了到保山技师学院学习汽车维修，他满脑子想的都是能够早日毕业谋生，保障弟弟和自己的生活。蒋应成知道，只有用功学习，学好本领，才是改变命运的唯一出路。而正是这样的选择，让他打开了命运的一扇窗。

蒋应成

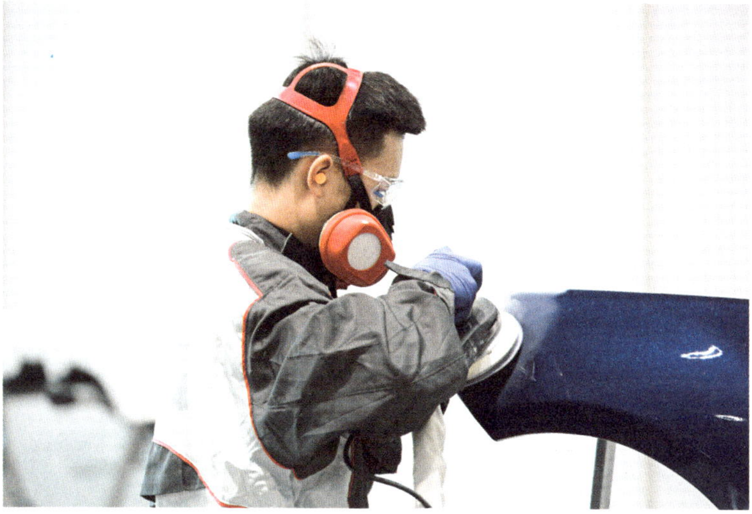

蒋应成

蒋应成

精益求精，不断追求工匠精神，帮助更多有技能梦想的青年，走上技能成才、技能就业、技能创业之路，是我今后的追求！

2012 年，杭州技师学院到云南保山选拔优秀技能学生，年仅 16 岁的蒋应成表现优异，脱颖而出，从此成为杭州技师学院重点培养的竞赛苗子。蒋应成来到杭州技师学院钣金与涂装专业学习后，倍加珍惜学习机会，更加刻苦用功地钻研专业技术，几乎把所有的时间都用在了学习和操作上。毕业后，他凭着一身过硬的技能留校任教，同年也顺利实现了脱贫。

2015 年，蒋应成参加第 43 届世界技能大赛汽车喷漆项目国内选拔赛，最后惜败于同门师兄杨金龙。此后一切归零，他重新参加第 44 届世界技能大赛国内选拔赛，终于成为汽车喷漆项目正选选手。

技能面面观

汽车喷漆项目

汽车喷漆项目是运用适当的技术和流程，对汽车工件上的损伤进行喷漆修复的竞赛项目。

汽车喷漆项目比赛每个环节都有精确的数据标准。喷涂每层油漆的厚度误差不超过 0.01 毫米，是世界技能大赛汽车喷漆项目允许的最大误差，相当于头发丝的 1/6。要守住这 0.01 毫米，就要不断地训练双手的稳定性。为了发挥得更好，蒋应成给自己设计了很多训练方法。比如，用打磨机把鸡蛋壳去掉，保证鸡蛋膜不破；在手上挂一个装满水的矿泉水瓶进行训练。由于长时间拿砂纸打磨门板和手握喷枪，蒋应成双手已起了不少茧子，长期的训练也使得他的右臂肌肉损伤。这些训练的目的只有一个：把小事情做到极致，追求完美。

冲刺世界冠军，蒋应成给自己提出了比 0.01 毫米的误差更严格的要求，而超越别人意味着要不断挑战自己的极限。为了锻炼自己的体能，蒋应成每天会到操场跑 30 多圈，两年积累下来，相当于跑了 200 多个马拉松。要想在高手如林的世界技能大赛上获得冠军，光有充沛的体力、强大的技术还不够，更要在操作时心静如水，经得起干扰。日复一日，成千上万次的操作，枯燥单调的重复，蒋应成不是没有想过放弃，每次遇到瓶颈的时候，他都会想起爷爷奶奶，想起弟弟，想起国家的栽培和鼓励，想起自己走到这一步的艰辛和不易，然后，就又充满了斗志。

2017 年 10 月，阿联酋阿布扎比第 44 届世界技能大赛上，蒋应成力压英国、德国、瑞士等国家的选手获得汽车喷漆项目冠军。蒋应成站在冠军的领奖台上，意味着汽车喷漆这个项目终于有一个国家能够蝉联世界技能大赛冠军了。

蒋应成说，之前从来没有想到过，自己一个“建档立卡”贫困户出身的农村孩子，一个普普通通的喷漆工也能代表中国去参加比赛，也能披着中国的国旗上台领奖。而取得金牌，为国争光，让中国成为迄今唯一能够蝉联世界技能大赛汽车喷漆冠军的国家，就是自己对党和国家最好的报答。

训练笔记

1 800多个日夜，支撑我走下来的是对技能梦和世赛梦的追求。5年里，我曾经两个月没有跨出过校门一步。那两个月，除了吃饭睡觉，基本都在训练。夏季烤漆房里40多摄氏度的高温，一天下来汗水能够湿透七八套工作服，为了把每一个细节做到极致，我从没中断过训练。

汽车喷漆项目的评分标准非常严苛，按照世界技能大赛的要求，油漆的厚度误差不能超过0.01毫米，这就需要严格控制喷枪的气压、出气量、走枪的速度等。比赛过程中，要用到左手的地方很多，为了让我的左右手都能熟练操作，达到稳定的水平，教练会要求我左手拿喷枪，并在喷枪上挂一瓶500毫升的矿泉水练习稳定性。有时候为了一个动作的准确、流畅，教练会要求我一整天就练那一个动作，就是我们大家常说的“增强肌肉记忆”。正是这种苛刻的训练，给了我赢得比赛的信心。

五星红旗，你是我的骄傲，

五星红旗，我为你自豪，

为你欢呼，我为你祝福……

闪耀的中国红，托起新时代的中国梦。年轻的匠心与中国心结合，激发出无限光彩，今天闪耀赛场，明天必将照亮世界的舞台。

竞赛有我

三

大赛竞猜

下面的诗句或名言都对应本篇介绍的一位或两位选手，你能猜出他们是谁吗？请将答案填写在横线上。

①苔花如米小，也学牡丹开。＿＿＿＿＿＿＿＿＿＿

②休言女子非英物，夜夜龙泉壁上鸣。＿＿＿＿＿＿

③生活的道路一旦选定，就要勇敢地走到底，决不回头。＿＿＿＿

践行不辍

结合本篇的人物事迹，谈谈职业技能竞赛选手和其他模范人物相比，哪些精神品质更加突出。由此你想到在学习和生活中的哪些事情上，自己可以做得更好？

总结表

______竞赛选手突出的精神品质	在哪些事情上我可以做得更好

请将这里的思考结果纳入绪论践行计划的后续设计。

重在参与

请从本篇介绍的项目中选择一个，为该项目写一句宣传语，并为参加将来的世界技能大赛该项目比赛的中国选手写一句寄语。

宣传语：________________________________。

寄　语：________________________________。

下篇：强国需人才

技术工人是支撑中国制造、中国创造的重要基础。要完善和落实技术工人培养、使用、评价、考核机制，提高技能人才待遇水平，畅通技能人才职业发展通道，完善技能人才激励政策，激励更多劳动者特别是青年人走技能成才、技能报国之路，培养更多高技能人才和大国工匠。

——习近平

第七课

匠心接力

夺得第43届世界技能大赛美发项目冠军后的聂凤义无反顾地回到了重庆五一技师学院任教，从金牌选手成长为金牌教练是她新的目标。她说：“我想留在教育行业里，因为我的存在，或许对于技工院校的孩子来说，就是一个很好的例子，让孩子们看到，他们也可以有很好的前途和未来。”

和聂凤相似，杨金龙、袁强也很快完成了从选手到教练的身份转换，他们和雷定鸣、吉正龙、何先泽等各个项目的专家们一起，帮助技能竞赛后来者打通成功的道路，为莘莘技能学子指明前进的方向。他们奋力奔跑，让匠心接力保持进行时；他们燃烧自己，弦歌不辍培养后继人才。

无私、奉献、传承，匠心代代赓续。

自 2010 年 10 月我国加入世界技能组织以来，我国技能竞技综合水平就像参加马拉松赛一样，已从跟跑、并跑，实现了领跑。特别是在第 45 届世界技能大赛上，59 名选手在 52 个项目中获奖，项目获奖比例达 92.9%，选手获奖比例达 93.7%。正是一代又一代的教练和选手，在相关领域深耕细作，十年如一日地匠心接力，才有了今天的成绩。

师者无私

每一位走向世界技能大赛赛场的选手，身后都有一个默默付出的指导团队。如果说选手是实现中华民族技能强国梦的“水手”，那么指导专家则是这支中国技能“梦之队”的领航人。他们全力以赴，并非为一人一地，只为心中的五星红旗。

2017 年 6 月 23 日，第 44 届世界技能大赛砌筑项目中国选拔赛 2 进 1 的比赛在项目基地长沙建筑工程学校举行。现场两位选手，一位是“自家的孩子”湖南选手章瑞波，一位是“别人家的孩子”广东选手梁智滨。两位选手的作品都很优秀。

世界技能大赛砌筑项目中国技术指导专家组组长、在长沙建筑工程学校任教的雷定鸣打破僵局，决定根据集训以来的历史数据进行分析，从而确定“进”的选手。在日常集训评分中，梁智滨的作品评分线性分析图趋势平稳，章瑞波的作品评分线性分析图是波浪形状，说明章瑞波的稳定性稍差。眼前作品不分伯仲，但是综合数据分析，雷定鸣建议由梁智滨代表中国参加第44届世界技能大赛。雷定鸣说：“我们选的是‘国手’！

雷定鸣（后）

他将代表祖国出征，基地是湖南的，更是中国的！”最终，梁智滨不负众望，在第44届世界技能大赛上夺金。

人力资源社会保障部对砌筑项目选择正选选手一事给予了专门褒奖，点名表扬项目基地胸有大局，以国家利益为重。有趣的是，两年后的第45届世界技能大赛砌筑项目中国选拔赛2进1比赛时，

梁智滨

项目基地再次选择了广东选手陈子烽。同样，陈子烽在世界技能大赛中一举夺魁，蝉联砌筑项目金牌。

陈子烽

要想在世界技能大赛的舞台上获得好成绩，除了选手的刻苦训练外，关键还在于项目团队的不断创新和研究。团队会针对不同选手的特点，开展个性化培养和训练。为提高集训选手作品的精度，雷定鸣团队在多年实训中，摸索出一系列创新的工艺和工具。他们设计的皮数杆，立在作品两头，线一拉，就能帮助选手精准把握水平和平整度，已帮助三届选手在世界技能大赛上取得良好成绩。目前，新的皮数杆已被全国多数省份的选手使用，已经被上海世界技能大赛博物馆永久收藏。

技能面面观

砌筑项目

砌筑项目是通过进行砌铺、垒石料、装玻璃或抹陶土等工作，建造内墙和外墙、隔断、壁炉、烟窗和其他建筑物的竞赛项目。

与刻苦训练的选手不同，专家和教练的任务是以国家利益为先，公平公正地选出国手，并因材施教，帮助选手成长，最终与选手一道，实现为国争光的理想。他们的无私奉献是今日中国在技能竞赛领域屡创佳绩的保证。正如雷定鸣所说："在未来的人生征途中，我和我的世界技能大赛砌筑项目团队，将不忘初心、牢记使命，科学训练，再创佳绩，为党育才，为国争光。"

甘为蜡炬

世界技能大赛的竞技水平代表了各领域职业技能发展的国际水准，是全世界 22 岁以下青年人展示职业技能水平的最高舞台。因此，世界技能大赛选手获奖归来，很多知名企业会向他们抛出"橄榄枝"。面对高薪水、高福利，杨金龙等选手却"愿做园丁勤浇灌，甘为蜡炬尽燃烧"，他们无私奉献，全心全意向学生传授技艺，为提高行业技术水平，为振兴中国产业做出贡献。

2014 年 2 月，第 43 届世界技能大赛汽车喷漆项目中国集训基地"落户"杭州技师学院。杨金龙得知消息后毅然辞掉高薪工作，报名参加世界技能大赛。有人说他"不靠谱"，可他却笑笑说："工资高当然好，但学习机

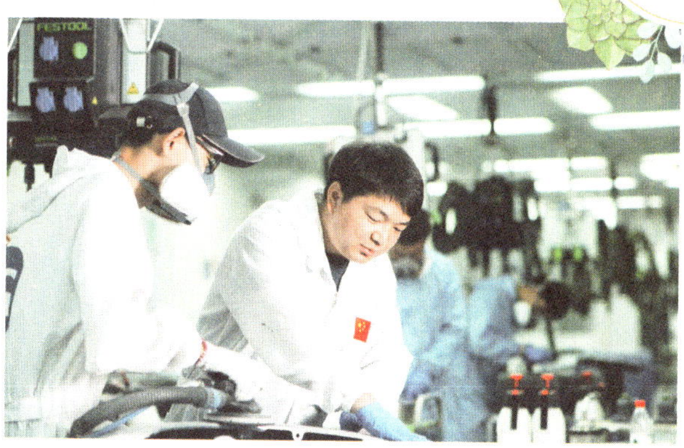

杨金龙（左二）

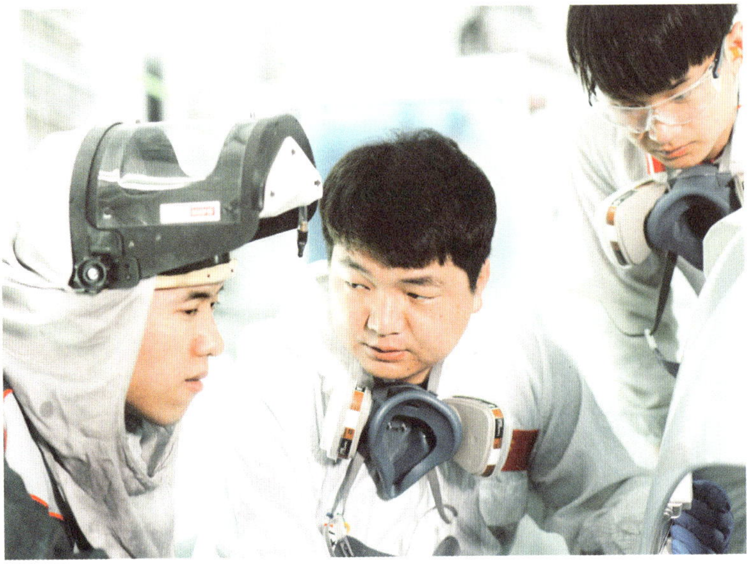

杨金龙（中）

会更重要。母校有我精进技术最好的平台。”2015 年 8 月，杨金龙勇夺第 43 届世界技能大赛汽车喷漆项目冠军，实现了中国代表团该项目世界技能大赛金牌零的突破。

杨金龙已跻身汽车喷漆领域的世界顶级高手行列，很多企业想用高薪聘请他，但他婉拒了这些企业的邀约，出人意料地回到母校成为一名汽车喷漆专业的教师。对此，他很多在高端品牌汽车 4S 店工作的同学都不理解。

做出这样的选择，杨金龙有着自己的想法：“当初学校培养我们，现在我当老师，就是要把接力棒握紧，把技术教给更多的学生。要提高整个行业的技术水准，当老师是一个很好的选择。”

第一次讲课，第一次开班会，第一次写教案……杨金龙的耐心、细心和虚心让他在教学方式方法上有了很大提高，他也逐渐适应了学校老师的角色。“要把工匠精神贯穿到自己的专业中去，”他这样要求学生，“不能只把技术当成赚钱的工具。”

一转眼，杨金龙已是一名“老”教师了，这期间他为行业培训出了300余名技师，1 000余名高级工。他成立了“杨金龙技能大师工作室”，指导同门师弟蒋应成获得第44届世界技能大赛汽车喷漆项目金牌，指导学生陈彬彬获得中华人民共和国第一届职业技能大赛汽车喷漆项目冠军。

杨金龙

我要去证明不单单是一两个中国人行，而要中国的技术工人全都能行，将希望的种子播撒出去。

和杨金龙一样，不少世界技能大赛的选手都选择了潜心在自己的技能传承事业中。他们认识到国家要发展人才是关键，于是，他们扎根教育，甘为蜡炬燃烧自己，为更多技能青年照亮前行的路。

薪火相传

获得奖牌，受到表彰，已成为过去的荣誉。袁强等各届选手回到各自学习、工作的岗位后，摆在他们面前的新课题是如何让中国技能青年在备赛、参赛中体现出的优秀精神品质届届赓续、代代相传。他们以自己的经历现身说法，把技能成才、技能报国的希望带给更多的青年学子，做到“薪火相传光不绝，长留双眼看春星”，弦歌不辍培养后继人才。

袁强

2017年第44届世界技能大赛上，袁强战胜了来自21个国家和地区的选手，夺得了中国在世界技能大赛工业控制项目的首枚金牌。

2020年12月13日晚，中华人民共和国第一届职业技能大赛闭幕式上，已成为教练的袁强作为颁奖嘉宾走上主席台，亲手为学生王明辉颁发了大赛工业控制项目金牌。

传递的是金牌，也是火种。为了这样的传承，从选手到教练，袁强的付出并不比当初备赛少。他的学生都知道，袁强曾为解决一个工艺难题，连续几天吃住都在训练场。他用身心淬炼专业技能，用汗水诠释工匠精神，用奋斗书写事业答卷。袁强的事迹影响了不少学生，其中就有王明辉——同袁强一样，他出身平凡家庭，却

王明辉

凭借顽强的意志和刻苦的努力，取得不平凡的成绩。

王明辉接触工业控制项目是在听说学长袁强获得了世界技能大赛金牌后。2018 年初，学校正在做校内选拔，他报名参加，在 140 人的海选中以第 2 名的成绩入选学校集训队，后来又以优异成绩入选国家集训队。他希望自己也能够代表中国在世界技能大赛的舞台上取得荣誉，像袁强那样，让中国技能在世界面前绽放光芒。

王明辉

技能面面观

工业控制项目

工业控制项目是根据一个（或部分）工业流程做出的模拟解决方案，进行电气设备和工业自动化元件的安装以及程序设计与调试的竞赛项目。

“问渠那得清如许？为有源头活水来。”各届中国选手在世界技能大赛上争金夺银，在各自岗位上建功立业，激励着王明辉等新一代技能青年，继承前辈的事业，进行今天的奋斗，开辟明天的道路。他们发愤图强、奋发有为，让技能之火和世赛精神生生不息，他们正在技能竞赛、技能成才的长征路上续写新的篇章、创造新的辉煌。

匠星闪耀

“新竹高于旧竹枝，全凭老干为扶持。”清代郑板桥在《新竹》里借用“新竹”和“老干”这一自然常态，形象生动地表达了前后辈之间的深情厚谊，揭示了后辈的成长需要依靠前辈的扶持但又必须在前辈的基础上有所创新、有所前进的深刻意旨。在中国挺进世界技能大赛的征程中，在吉正龙、何先泽这些“老干”的扶持下，胡已雪、聂凤这些“新竹”茁壮成长，他们踔厉风发、笃行不怠，接续帮助石丹、刘江华这些“新生者”不断创造新的业绩。

聂凤出生在重庆一个普通家庭，家中没有任何一个人从事美发行业，但聂凤却深深地爱上了这一行。“起初是自己爱臭美，后来觉得帮人做头发很有成就感。”就这样，初中毕业后聂凤走进了重庆市渝中职业教育中心学习理发。两年后，临近毕业的聂凤参加了重庆市中职院校美发技能大赛，获得了三等奖。聂凤在现场的表现得到了国家级美发大师何先泽的关注。

在何先泽的推荐下，聂凤走进了重庆五一技师学院，开始对美发技能进行更深入的探索和学习，也开始了漫长的参赛历程。在这里，聂凤遇见了更多的名师，看到了更多的好作品；在这里，聂凤知道了什么是“人外有人，天外有天”。由吉正龙带领的美发项目中国技术指导专家组精益求精的工匠精神让她受益匪浅。

吉正龙

然而“天将降大任于斯人也，必先苦其心志”。聂凤似乎并没有得到幸运之神的眷顾：第 41 届世界技能大赛的全国选拔赛，她名落孙山，队友祝青山代表中国征战世界技能大赛并获得优胜奖；第 42 届世界技能大赛全国选拔赛，她名列第三，队友胡已雪代表中国队出征并获得当届大赛唯一一枚银牌。还是教练何先泽将她从困境中带了出来：“没有谁注定是冠军，你应该抱着平常心，为了让自己有更全面的提升去做好每一款发型，而不是只为了争冠军，一次失败不要怀疑自己，练习了这么多年，你的技术，所有人都是看得见的。”

聂凤

“我可以输，但我决不放弃。”带着这样的信念，聂凤参加了亚洲技能大赛，并一举拿到了总冠军，这也

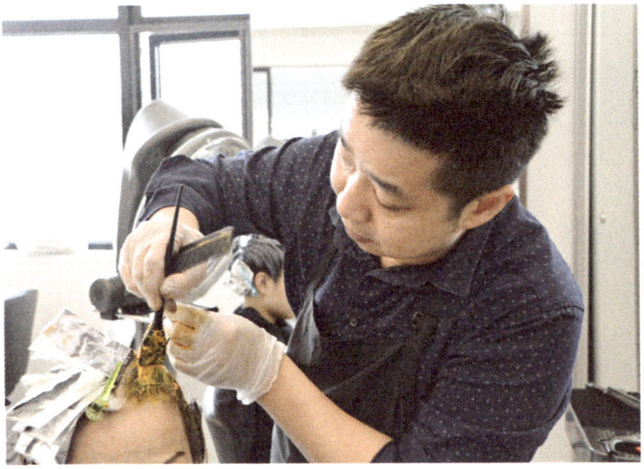

何先泽

让她重拾信心，以更为轻松的心态投入到下一次世界技能大赛的训练中。在吉正龙、何先泽和师姐胡已雪等人的指导下，聂凤稳扎稳打，最终笑到了最后，成为代表中国征战世界技能大赛的选手。

胡已雪（左）和何先泽（右）

2015 年，聂凤迎来自己的第三次世界技能大赛之旅。按照比赛规则对年龄的限制，这也是她最后一次参赛机会。这一次，聂凤没让自己失望。最终，她以绝对的优势分值摘取了第 43 届世界技能大赛美发项目的金牌，成为中国首位女性世界技能大赛冠军并实现了亚洲国家在美发项目 65 年来金牌零的突破。她征服了自己，更征服了世界。

成为吉正龙、何先泽那样的世界技能大赛美发项目金牌教练，是聂凤的梦想。夺金后，聂凤选择了回母校任教。她说：“我想留在教育行业里，因为我的存在，或许对于技工院校的孩子来说，就是一个很好的例子，让孩子们看到，他们也可以有很好的前途和未来。”

为了看看世界美发行业在发生什么、交流什么，为了看到中国美发行业和世界美发行业的差距，2017 年，聂凤选择赴澳大利亚进修，师从世界技能大赛美发项目首席专家多娜女士。不到半年时间，聂凤就从新生晋级为助教，当地媒体称她是多娜“最好的学生”，而多娜亦盛赞她是自己“最努力的孩子”。2018 年，聂凤通过大洋洲美发最高技能等级考核，获得国际专业标准联盟（IPSN）国际发型师认证书，成为取得该项国际顶级证书的东方第一人。

聂凤回到教练岗位，和恩师吉正龙、何先泽并肩工作，训练来自全国各地的集训选手，最终成就了来自西子湖畔的美丽姑娘——石丹。在第 45 届世界技能大赛上，石丹身披国旗站上最高领奖台，向世界展示了中国技能人的风采——第 44 届失掉的美发金牌重新回归，中国的美发之花再次绽放。

如今，石丹作为一名专业教师，她也时常和学生们分享自己的亲身经历。“我知道很多学生跟当初的我一样懵懂，带着对这个专业的兴趣和对未来的憧憬来到这里，我要努力让他们把这份兴趣的初心作为精进技术的动力，让他们通过技能锻造自我，铸就匠心，实现梦想。”

石丹

2020 年 12 月 10 日，中华人民共和国第一届职业技能大赛在广州举办，这是新中国成立以来规格最高、项目最全、选手最多、影响最广的综合性、全国性技能竞赛盛会。聂凤的学生刘江华夺得美发项目的金牌，那一刻，聂凤笑了。

技能面面观

美发项目

美发项目是对男士和女士头发进行剪发、烫发、染发、接发、造型、胡须设计等处理和养护，以表现客人外形和个性的竞赛项目。

“长风破浪会有时，直挂云帆济沧海。”让中国技能从跟风世界潮流到独领世界风骚，这是吉正龙、何先泽等老一辈世界技能大赛坚守者和开拓者的梦想；传承匠心，接力前行，这是胡已雪、聂风和石丹等技术指导中坚的情怀。世界技能大赛是一场匠心接力赛，更多胸怀匠心、勇于接棒的年轻一代已经站在了起跑线上。

第八课

技能报国

越南河静，台塑钢铁厂发电项目安装工程现场，各种狭窄的空间、不停闪耀的弧光和焊花，这样高难度的焊接工作中，常见中国中冶集团周树春焊接工程队的身影。王晨宇、曾正超、宁显海、赵脯菠都是这个团队的成员，也都是“工人院士”周树春的弟子。他们都曾在世界技能大赛上为国争光，也都在本职岗位上以高超的技能为国家创造了巨大的价值。

不止周树春和他的弟子们，不止焊接项目。数控铣项目指导专家鲁宏勋，砌筑项目选手邹彬、梁智滨，夺金亲兄弟张志坤和张志斌，等等，曾经参加世界技能大赛的教练和选手，在工作岗位上同样树立起中国技能的丰碑。

爱国、奋斗、担当，笃行强国誓言。

何以学技能？为家又为国。以技能为履，可以摆脱贫困的羁绊，可以舞出人生的精彩；以技能为笔，可以写就复兴的篇章，可以绘制光辉的画卷。技能成才是一代人的努力，技能强国还需接续奋斗。前路漫漫，重任在肩。今日的技能青年，将成为明天的国家栋梁；今日的大国工匠，引领技能事业明天的发展。

强国有我

今天的中国正向着全面建成社会主义现代化强国的目标迈进。前行路上有你，有我，有他，有一位位面容质朴的技能青年，有众多新时代的建设者。“请党放心，强国有我！”这是坚定的誓言，这是青春的礼赞，这是青年的心声。这不是一句空话，付诸行动需要有扎实精湛的技能，需要有锐意进取的勇气，更需要有满满的责任感、深深的爱国情。

邹彬在第43届世界技能大赛砌筑项目上获得优胜奖，实现了中国砌筑项目获奖零的突破。梁智滨，第44届世界技能大赛砌筑项目冠军，为中国夺得该项目首枚金牌。

邹彬（右四）

邹彬获奖后，扎根生

产一线，牵头成立了"'小砌匠'邹彬创新工作室"，他希望和工友们一起从事砌筑技术的创新与推广，帮助企业解决生产经营中的问题。湖南省花垣县十八洞村是中国"精准扶贫"的首倡地。2018年，邹彬主动请缨加入十八洞村村容村貌提升工程建设团队，项目从开工到交付，只用了短短90天。他还通过砌筑十八洞村标识，为村民们传授砌筑技艺。建设团队离村当天，村委会为建设者颁发了"荣誉村民"证书，村民自发送来锦旗，他们说感受到了中国建筑的力量。2020年9月17日，邹彬参加了习近平总书记在湖南主持召开的基层代表座谈会，总书记亲切勉励他："劳动没有高低贵贱之分，三百六十行，行行出状元。"邹彬说，坚持实干、加

十八洞村标识

邹彬（左四）传授技艺

倍努力、为国奉献，就是对总书记关怀的最好回应。

2017 年 11 月 21 日，梁智滨与世界技能大赛中国代表团其他成员一道，被邀请进中南海，并在李克强总理主持召开的座谈会上发言。李克强总理问梁智滨今后有什么打算，梁智滨告诉总理会用自己的专业本领，在老家亲手给父母建一栋房子。“你现在不仅能给父母盖房子，更是在为我们国家的大厦砌砖加瓦！”李克强总理说，“你们代表了国家的未来，要做大国工匠，建制造强国！”梁智滨立下了他的新志向——为祖国培养更多的建筑高手，让中国建筑走向世界。

梁智滨

参加世界技能大赛，夺奖从来不是最终目的。以赛促练，提高技能水平，学习国际先进的技能成果和经验，引领国内技能事业发展，以自身的实践带动更多青年学习技能、建设国家，这才是选手们的初心，也是国家对技能健儿以及广大技能青年的期许。正如歌中所唱：“强国有我，初心滚烫，不负韶华，使命担当！”

技能面面观

世界技能大赛中国（广州）研究中心编撰的《世界技能大赛参赛选手职业发展情况调查研究》显示，参赛选手的思想政治素质、学历、职业技能等级和专业技术水平在赛后的职业发展过程中获得显著提升。赛后，中共党员数量增长 218%，中共预备党员数量增长 110%；硕士研究生学历增长 75%，本科学历增长 183.3%；高级技师增长 433.3%，特级技师从零增加到 4 人；中级职称增长 450%，高级职称增长 1 500%，正高级职称从零增加到 5 人。这些数据表明，各届世界技能大赛选手并没有“躺平”在功劳簿上，而是在各自岗位上百尺竿头更进一步，增强本领，提升素质，为社会主义现代化建设更好地贡献力量。

接续奋斗

奋斗是青春最亮丽的底色。技能成才的理想风帆要靠奋斗来扬起，技能报国的初心使命要靠奋斗来实现。奋斗不是一朝一夕的热血，不是一批人的事业；奋斗需要先后相继，需要代代紧随。每位技能青年既要沿着先行者的轨迹前行，又要为后来者开辟更宽广的道路。

张志坤和弟弟张志斌被称为闪耀在世界技能大赛竞技场上的中国“双子星”。2010 年，初中毕业的张志坤来到广东省机械技师学院学习数控加工专业，不久入选学校世界技能大赛数控铣项目精英班。他从全校选拔、全省选拔、全国选拔中一步步脱颖而出，终于在第 43 届世界技能大赛上为中国夺得了第一枚数控铣项目金牌。

相比于哥哥，弟弟张志斌的夺冠之路更加跌宕。张志斌初中的时候就立志要到哥哥所在的学校学技术。正如张志斌奶奶所言：“志斌是一个有理想的孩子，他一定要拿冠军！”2012 年，初中毕业的张志斌来到哥哥所在的学校，一年后就被选拔到学校世界技能大赛塑料模具工程项目精英班。2014年，他代表广东参加全国技能大赛，斩获金牌。但

张志坤

在跟哥哥同一赛场的第43届世界技能大赛全国选拔赛上，却止步于4进2，无缘巴西圣保罗赛场。哥哥勇夺金牌的捷报给了他巨大的激励，张志斌瞄准第44届世界技能大赛加紧训练，经过激烈的比拼，最终走向阿联酋阿布扎比，并在大赛中一举夺得塑料模具工程项目金牌。张志斌激动地说："我跟哥哥一样，实现了自己的冠军梦，更是通过自己的技能为国争光，我骄傲！"

夺冠后，张志斌再次跟随哥哥的脚步，投入到培养世界技能大赛后继人才的工作中。从面对机器屡屡出错的技能新手到在世界技能

张志斌

大赛上折桂，再到担任教练带领队员征战世界技能大赛，张志坤、张志斌兄弟俩一路你追我赶、互相激励。张志坤希望自己能够成为一名播撒火种的人。他认为一个人的力量是有限的，中国制造的未来需要一批批技能人才不断贡献力量。张志斌则表示，将坚持不懈地向更多大国工匠学习，立足本职弘扬工匠精神，接续推进技能强国事业。

张志坤（左）和张志斌（右）

技能面面观

塑料模具工程项目

塑料模具工程项目是依据塑料产品的 2D 工程图或 3D 模型，以及技术要求，设计和制造注塑模具，并生产出该塑料产品的竞赛项目。

历史洪流滚滚向前，而奋斗精神永不过时。对个人而言，奋斗的人生才是幸福的人生，奋斗的人生才是成功的人生；对国家而言，一切伟大成就都是接续奋斗的结果。中国已经实现的巨大发展，离不开孟泰、王进喜等老一辈建设者的开拓之功，离不开许振超、高凤林等高技能人才的推进之力；中国未来的繁荣富强，定将离不开张志坤、张志斌等新时代技能人才的孜孜以求。祖国在期盼，时代在呼唤，每一位技能青年都有接续奋斗的责任，都有在奋斗中书写精彩人生的机会，都有为社会、为国家创造价值的无限可能。

任重道远

世界技能大赛选手和团队载誉归来，是一个阶段的胜利结束，更是另一个阶段的辉煌开端。前方还有更高的山峰，还有更美的风景，他们要重整行装再出发。曾子曰：“士不可以不弘毅，任重而道远。”这句话的意思是有本领的人应该志向远大、刚强而有毅力，因为他责任重大，路途又很遥远。这句话适用于世界技能大赛选手，适用于世界技能大赛指导专家，也适用于所有为社会主义现代化建设而奋斗的技能人才。每位技能青年都要意识到，我们未来的岗位可能平凡，但我们肩负的使命并不平凡，不能因困难而退缩，不能因成绩而懈怠。砥砺奋进勇担当，笃行实干精技能，这才是我们应有的态度。

鲁宏勋是中航工业集团中国空空导弹研究院首席技能专家、高级技师，曾获“中国高技能人才楷模”、中华技能大奖、全国技术能手、全国五一劳动奖章等多项荣誉。他用自己的实际行动践行着技能报国、技能强国的使命担当。

鲁宏勋

在数控领域，鲁宏勋

鲁宏勋（左三）传授经验

是出了名的技术专家。他总是细心、耐心地将自己的经验无私地传授给同行，促进了数控加工技术的进步和发展。2019年，鲁宏勋所在单位提出“高速、高效、精益求精”的发展方向。鲁宏勋积极参与各项创新工作，与单位团队一起提炼出“高效智造”的发展愿景。从三维工艺的实施到现场系统的改造，从程序仿真到数控加工特征库的建立，从研产协同、研产一体到建立科研快速反应中心，鲁宏勋一直是坚定的推动者、积极的实践者、前进的引领者，践行了技能大师应有的责任和担当。

在赛场，鲁宏勋是一名德高望重的教练。他凭借多年经验在集训方案中明确提出了“多手准备，不留死角，充分验证，平战结合，符合标准”的集训工作指导思想，提出“人无我有，人有我优，精益求精，技高一筹”的集训要求。为了让选手适应不同的比赛环境，“鲁大师”采取走训方式，把选手拉到北京、广东、广西、河南等多地进行训练、考核，锻炼选手在不同环境下做技术准备和心理调适的能力，而且整个集训过程采取超标准考核，试题难度远远超过比赛的技术要求。鲁宏勋和他的弟子们经过多年努力，蝉联第 43 届、第 44 届、第 45 届世界技能大赛数控铣项目金牌，为祖国赢得了荣誉。

未来，鲁宏勋仍旧要生产、训练两肩挑。面对单位生产任务量的增长，他要优化工艺路线、工装、程序等多个方面，确保任务完成；面对世界技能大赛集训，他又要收拾行装，赶赴基地，指导备赛选手完善各个环节的操作，提高技能水平。“工作是修行，产品是修炼；不忘初心，久久为功。”这是鲁宏勋的座右铭。

国家的前途、民族的命运、人民的幸福，是当代社会主义建设者必将承担的重任。技能人才担负使命，前行的道路上可能有各类竞赛，可能有技术改革，可能有重大项目……无论哪一种，都是要勇敢跨越的山川，同时也都是建功立业的好时机。面对已经取得的成绩，技能人才没有任何理由骄傲自满、松劲歇脚，只有乘势而上、再接再厉、奋发图强，才能战胜前方一切艰难险阻，不断从胜利走向新的胜利。

匠星闪耀

奖牌背后是品牌，是技能事业的长足发展。十多年来，周树春团队不忘初心、笃行不怠，在比赛中为国争光，在工作中为国献技，书写了技能报国的新篇章，彰显了不同凡响的中国技工风采和中国技能力量。

周树春在中国焊接领域可谓大名鼎鼎。他18岁入行，几十年孜孜不倦、勇攀技术高峰，经过近百项工程的锤炼和千万条焊缝的磨砺，攻克了一道道焊接难题，成功领办了国家级“周树春焊接技能大师工作室”，成为中国冶金建筑焊接领域的领军人物。

周树春

“一点都不能差，差一点都不行”，这是周树春焊接的准则。在许多施工项目中，都有周树春凭借精湛技艺攻坚克难的故事。比如，巴布亚新几内亚瑞木镍钴矿浆管道铺设工程中，面对地形复杂、高温多雨，且第一次焊接超大口径长输矿浆管道等难题，作为焊接负责人，周树春与工程师们结合现场地质、气候条件，通过数百次实验，精确计算出焊接电流电压、焊接速度、送丝速度、焊丝伸出长度等参数，成功研发出焊接新工艺，将矿浆管道每道焊口的焊接时间由3小时缩至40分钟，为顺利施工提供了有力的技术支撑。这种新工艺，不仅填补了国内空白，而且经此工艺焊接的6 000多道焊口，经探伤检测，合格率达98.7%，经水压检测，合格率达100%。

作为参与十几年世界技能大赛工作的元老，他见证了“中国焊工，焊接世界”

周树春（右二）

这八个字从梦想变成现实的过程，也见证了选手们的成长。在我国参加的五届世界技能大赛中，有四届焊接项目获奖选手来自中冶集团，并创造了金牌三连冠的历史纪录。

2013 年 2 月，"西部铁军"——周树春焊接工程队成立。队员由一批参加过世界技能大赛和集训的选手组成，四届选手中除第 45 届冠军赵脯菠留在攀枝花技师学院为周树春老师当助手，培养年轻学员，其他三届选手均作为工程队骨干，先后参与了 70 多个工程项目的建设，把他们高超的技能转化成了实际生产力和企业竞争力。

越南河静台塑钢铁厂项目核心技术由中国自主研发和首创。这个项目的建设成功，凝聚着王晨宇、曾正超等周树春焊接工程队多名骨干的心血。

王晨宇参加完世界技能大赛后，信心满满的他第一次参与公司承建的越南河静台塑钢铁高炉工程钢结构焊接任务时，却因为产品不合格被要求返工。这一经历，让王晨宇明白了实际工作与学习和比赛的区别。此后，他不断请教厂里的老师傅，边看边学，边看边做，最终出色完成了任务，工程被誉为“21 世纪世界最美高炉”，受到委托方的高度评价和社会各界的广泛关注。2017 年 7 月 5 日，央视报道了王晨宇参与焊接的越南河静高炉项目建设投产情况。报道指出：高炉安装全部的焊缝 100% 射线探伤，品质标准世界一流。1 号高炉建成后，高炉本体、设备及其附属短管首次检漏，两天时间 25 600 条焊缝检测，结果仅 6 个漏点。这是个极具震撼力的结果，堪称世界冶金建设史上的奇迹，是中国人在“一带一路”沿线国家树立的丰碑！

2018 年 10 月，曾正超奔赴越南，投入到河静台塑钢铁厂发电项目安装工程的战斗当中，对不合格的焊口进行返修，对重要的管道进行焊接。由于施工现场空间狭窄，管与管之间没有足够的距离，造成打磨困难，返修难度极大。曾正超积极与技术人员沟通，调整了焊接操作手法，经过几次试验后，终于把问题解决了，返修合格率达到 100%。如同赛场上被人称为艺术品的焊件，曾正超参与建设的工程项目，在焊接质量上也堪称精品。2018 年 11 月，曾正超荣获第 3 届中国质量奖提名奖，成为全国 9 名获得个人提名奖中最年轻的工匠。

王晨宇、曾正超等成员的事迹只是周树春团队的一个缩影，这既是一支技艺精湛的队伍，也是一支政治品质过硬的队伍。现在，不仅曾正超、赵脯菠已经是中国共产党党员，而且一批青年队员也已经被企业党组织列为党员发展对象，或已经向党组织递交了入党申请书。他们的行动必将影响和带动企业工人队伍整体素质的提升，使工人阶级的先进性不断增强，从而使党的组织基础更加牢固。

像“西部铁军”一样，参加过世界技能大赛或参加过世界技能大赛集训队的选手们逐渐成长为各自领域的骨干人才。国家重大工程项目的建设中，有他们的身影；国家重点地区、重点产业的发展中，有他们的业绩；国家重点战略的实施中，有他们的贡献。他们在中国制造、中国服务和中国教育等领域里成为中坚力量，哪里需要就出现在哪里。来回的奔波是不负韶华的坚持，更是大国工匠的责任担当。离开赛场，选手与广大技能青年一样，都是技能劳动者大军中的一分子。每位技能青年都应该在社会主义现代化建设的大道上努力奔跑，以技能圆梦，用技能报国。

第九课

新时代 新技能 新梦想

车间里，面对机械手臂，谁在一点点“啃”着编程？是世界技能大赛冠军徐澳门。

花房和图书馆中，环绕芬芳、身处书海，谁在不停构思着编花样式、景观设计？是世界技能大赛冠军潘沈涵、陆亦炜。

实训室内，或手持喷枪，或操控机床，谁在一次次往复练习着喷漆工艺、成型技能？是中华人民共和国第一届职业技能大赛冠军陈彬彬、林伟桐。

他们已经拥有夺目的光环，但竞赛的经历让他们深知“新”是这个时代的主题，技能成才、技能报国的道路上没有歇脚的驿站，只有追“新”的身影、逐梦的人生。

开放、挑战、进取，一起走向未来。

时代在进步，技能在更新，梦想总在前方。这个伟大的国度崇尚技能，这个伟大的时代需要人才。职业技能竞赛给了技能青年更上一层楼的机遇。技能青年们，请敞开胸怀，接纳新事物，学习新技能，迎接新挑战。

技能常新

这个时代，科技发展迅速，产业竞争日趋激烈。新标准、新技术、新工艺、新设备不断带来革命性的改变。在技能领域，新种类、新方式、操作水平的新高度不断出现。当代中国技能青年必须不松劲，不歇脚，磨炼自身技能；必须眼观六路，耳听八方，追踪科技发展；必须打破固有思维，善于学习，博采众长，提升综合素养，成为高素质的新时代劳动者。

在上汽通用汽车有限公司的整车制造工程部试制车间里，一名身穿制服的小伙子正操控机械手臂完成车身试制焊接。实际上，公司所有新车型都要通过他和团队的小批量试制才能正式量产。

这位年轻的汽车质量把关人是谁？他就是第 45 届世界技能大赛车身修理项目的冠军徐澳门。

徐澳门在校学习期间，凭着认真刻苦的劲头，技能提高得很快，被选入第 44 届世界技能大赛国家集训队。但是，由于同在集训队的师兄杨山巍经验更加丰富，他成了一名“陪练”。虽然是协助角色，但徐澳门却发现这是一个学习的大好机会。他毫不懈怠，除了主动“打杂”，还用心揣摩选手的训练过程，他的技能储备更加丰富，技能水平也有了提升。靠着这股疯魔的劲头，徐澳门赢得

徐澳门

了第 45 届世界技能大赛的参赛资格。

备战世界技能大赛的训练强度、难度远超从前，例如焊接 90 度拐角的车身接缝这种任务，焊枪动得太慢会穿透钢板，太快又会致使焊接不牢，难度非常大。徐澳门最终通过了考验，克服了训练路上的一道道难关，掌握了一项项新本领，登上了一个个技能新台阶。

挑战不止于此。与往届不同，第 45 届世界技能大赛直到赛前一个月才公布题型，内容也增加了一个模块，涉及铝面板维修和塑料件修复等之前训练的薄弱部分。训练已到紧要关头，徐澳门全力冲刺，补足短板，最终凭借全面、高超的技能，在喀山赛场一举夺魁。

2019 年，徐澳门正式进入上汽通用汽车有限公司，成为整车制造工程部试制车间的一名技师。相对于比赛科目，实际的产品制造过程更加复杂，不仅需要知识和技能，还需要综合性、高水平、创新性的研发和制造本领。在智能化车间的全新场景里，徐澳门将如何发挥自身技能优势，为中国制造贡献力量呢？

徐澳门坦言："刚开始的两个月很不习惯。"他清醒地意识到，金牌已成过去，工作岗位上还有更多的知识、技能等待他去学习和摸索。在师傅的带领下，他开始逐个环节“啃”起工序——手工包边、超声波检测、编程……徐澳门全身心扑在这些陌生的领域里，渐渐地适应了工作需要。世界技能大赛为他打下了扎实的基础，教会他解决问题的方法，而现代化车间的实际工作则激励他直面不断出现的挑战，在智能化、数字化的汽车制造行业创造着自己的价值。

徐澳门说，现在自己有机会学习到更多的世界范围内的先进技术，非常荣幸。随着汽车智能制造进程不断地加快，未来他将不断学习、不断拓展，攻下汽车制造领域更多难题。

徐澳门

真正的大师，永远怀着一颗学徒的心。

在徐澳门的技能之路上，“常学常新”是主旋律。从对车身修理一无所知的青涩少年到初出茅庐、日夜陪练的集训队员，从国家队正选选手到笑傲技能之巅的项目冠军，从职场新员工到攻关克难、研究创新的牵头技师，每一次蜕变，是技能的从无到有、从熟到精，是眼界的拓宽、思维的开放，更是终身学习、不懈进取品质的逐步养成。

梦想花开

我有一个梦想：学习一种技能，用技能开创崭新的人生。

我有一个梦想：参加世界技能大赛，拿到奖牌，为国争光。

我有一个梦想：成为大国工匠，用技能建设国家，用创造改变世界。

我有一个梦想：用自己的行动，带动更多年轻人靠技能成才，让技能之花开遍华夏。

这是技能选手的心声，这是中国技能青年的愿望。在这个挑战与机遇共存的时代，只有勇敢地接受挑战，不断地尝试新技能、新方式，才能找到生活的意义，才能体会什么是幸福。要相信自己，技能可以创造多彩世界，技能必将造就精彩人生。梦想并不只有一种形式，时代给了我们无数选择，前途会因我们产生无限可能。

潘沈涵，第44届世界技能大赛花艺项目冠军。1999年出生的他，曾经梦想考入大学，做一名建筑设计师。中考失利后，他凭借自己的美术功底走进了上海市城市建设工程学校（上海市园林学校）。2017年7月，潘沈涵在层层选拔中拿到了世界技能大赛花艺项目的入场券，成为当时中国代表队最年轻的参赛选手。

花艺并不等于插花，它还包含了结构设计、架构构造等环节，

潘沈涵

有时要用电钻打孔，有时要用锯子切割。对潘沈涵而言，这延续了他做设计、做构造的梦想，是实现梦想的另一种途径。

带着梦想前行，潘沈涵从对花艺一无所知，到越学越喜欢，“每天和花打交道，就觉得挺美好，也挺开心”。他的梦想有两个，一是获得花艺世界杯的冠军，就像足球的世界杯，花艺世界杯是世界花艺界最权威、最具影响力的花艺赛事，被称为花艺界的“奥运会”。二是在上海开一家花店，吸引世界各地的花艺师前来切磋交流。他也希望通过花艺体验活动，能让更多青少年喜欢花艺，知道世界技能大赛离大家并不遥远。潘沈涵说：“像花艺，学一些简单的技法，就可以把日常生活点缀得更美。”世界技能大赛本来就和日常生活紧密相关，他梦想着用花朵的艺术让世界洒满美好。

潘沈涵的经历激励了不少青年走技能成才之路。学弟陆亦炜就深受他的影响，尽管中考成绩可以进入区重点中学，可陆亦炜还是选择了学习技能，开始接触花艺。他努力克服对花粉过敏的困难，从一窍不通到手上不断变换出赏心悦目的花艺造型，陆

陆亦炜

亦炜在备赛、参赛的路上不断提升自身能力与境界，最终在2019年的俄罗斯喀山赛场冲上花艺之巅，一举夺金，实现了技能改变人生的梦想。

获奖以后，陆亦炜没有停下追梦的脚步，开始深入学习风景园林方面的知识。他立志将来要融合东西方审美，融合各种设计思路，拓展国内的花艺设计理念，成为上海工匠、中国工匠，成为花艺大师。他相信，在打磨技能的路上，只要勇敢追逐，就一定能让人生绽放美丽的花朵。

陆亦炜设计作品

陆亦炜设计作品效果图

技能面面观

花艺项目

花艺项目是根据花艺设计的构图、色彩理论、设计理念和技艺，合理选择运用植物以及植物（花、叶、果、枝等）器官和装饰材料，正确使用工具对植物进行再加工和养护，设计制作花艺作品的竞赛项目。

与其说获得世界技能大赛金牌是一个巅峰，不如说是人生路上新的起点。花朵绽放出的不仅是花样年华，更散发着梦想的光辉。潘沈涵说：“其实，每一朵花、每一个果实、每一片叶子，都是生命的美好形式。”通过世界技能大赛，他更加坚信任何岗位都能成才，学会并精通一门乃至多门技术，职业生涯也一定能越走越宽广。同样地，陆亦炜也有着“花样梦想”。他在采访中说：“如你所见，‘00后’的可能性不止于此，只要你敢想、敢拼、敢闯，每个人都有无限的未来。”

逐梦新时代

人生万事须自为，跬步江山即寥廓。征途虽远，有梦想就要去追寻。在时代的洪流中，在这片春潮涌动的广袤大地上，满是技能人才施展身手的机会和舞台。

大国尚技。技术工人队伍是支撑中国制造、中国创造的重要力量。为加强技术工人队伍建设，近年来国家制定了一系列政策。《新时期产业工人队伍建设改革方案》《关于提高技术工人待遇的意见》《关于进一步加强高技能人才与专业技术人才职业发展贯通的实施意见》《技能人才薪酬分配指引》等文件的出台，扫清了技术工人待遇提高和职业发展障碍，为新时代青年追逐技能成才、技能报国的梦想铺就了康庄大道。

◎《关于进一步加强高技能人才与专业技术人才职业发展贯通的实施意见》

■ 出台背景

随着我国经济社会快速发展，技术变革带来大量复合型人才需求，专业技术人才的操作性、实践性需求愈发重要，技能人才的技术性、知识性需求日益增长，建立一支高素质复合型的技术技能人才队伍的重要性日益凸显。

■ 意义作用

破除束缚人才发展的体制机制障碍，激发高技能人才创新活力，为实施制造强国战略和推动高质量发展提供有力人才支撑。

■ 相关内容

· 扩大贯通领域

支持高技能人才取得经济、会计、统计、审计、翻译、出版、通信、计算机技术与软件等专业技术人员职业资格。

· 完善高技能人才职称评价标准

淡化学历要求：具备高级工以上职业资格或职业技能等级的技能人才均可参加职称评审，不将学历、论文、外语、计算机等作为高技能人才参加职称评审的限制性条件。

强化技能贡献：高技能人才参加职称评审突出职业能力和工作业绩，创新性成果可作为职称评审的重要内容。

建立绿色通道：对高技能领军人才，采取特殊评价办法，建立职称评审绿色通道。

· 创新高技能人才职称评价机制

综合采用多种方式评价高技能人才。支持有条件的地区和单位对高技能人才单独分组、单独评审。支持高技能人才密集、技术实力较强、内部管理规范的规模以上企业自主开展高技能人才职称评审。积极吸纳优秀高技能人才参加相关职称评审委员会、专家库，参与制定评价标准。

赛出人才。我国的技能大赛始于20世纪50年代的工人技术比赛、技术比武等活动，具有广泛的群众基础。近年来，从学校到工厂，从企业到行业，从省市到全国，直至最终走向世界，中国技能大赛不断升级。各级各类技能竞赛促进了技能人才队伍建设，带动了大批青年走上技能岗位，催生出众多的高技能人才和大国工匠。当前，我国正在完善以世界技能大赛为引领、中华人民共和国职业技能大赛为龙头、全国行业职业技能竞赛和地方各级职业技能竞赛以及专项赛为主体、企业和院校职业技能比赛为基础的具有中国特色的职业技能竞赛体系。

技能竞赛既是群英会，也是宣传会。各类竞赛活动为技能人才脱颖而出搭建起广阔舞台，更为所有人打开了一扇窗，让人们看到技能成才的光辉大道，看到竞赛选手在比学赶超中实现了人生的华丽转身。成百上千的技能青年通过职业技能竞赛荣获各级“技术能手”称号，一大批优秀选手晋升了国家职业资格等级。“当技术工人照样能出彩”“千金在手不如一技傍身”的认识，通过技能竞赛如火如荼地开展而深入人心，播撒出技能成才、技能报国的理想火种。今后，会有更多的中国技能英杰从竞赛中脱颖而出，中国技能事业的发展将有更充沛的动力。

以赛逐梦。职业技能竞赛是人生的“磨刀石”“充电桩”，更是追逐梦想的“助推器”。技能竞赛可以促进选手开阔眼界、提高技能、获得成长。经历过大赛的洗礼，选手们收获了鲜花和掌声，更被赋予了充足的动能。赛后，他们纷纷踏上新的征程——徐澳门进入企业成为技术骨干，杨金龙回到母校任教，陆亦炜则继续深造……在这个崭新的时代，在这个崇尚技能的国度，他们乘政策春风，扬工匠之帆，在社会主义现代化建设的大潮中磨砺自我、追逐梦想。

长江后浪推前浪，一浪更比一浪高。从世界技能大赛到中华人民共和国职业技能大赛，再到行业、地方、企业组织的职业技能竞赛，越来越宽广的技能竞赛平台正等待后来者奋勇拼搏、攀登高峰，谱写报国新篇章。

◎世界技能大赛和中华人民共和国职业技能大赛有关奖励的规定

按照《世界技能大赛参赛管理暂行办法》，世界技能大赛选手的奖励如下：

金牌选手	获评高级技师	获奖金	参加评选、选拔优先 *
银牌选手	获评技师	获奖金	参加评选、选拔优先 *
铜牌选手	获评技师	获奖金	参加评选、选拔优先 *
优胜奖选手	获评技师	获奖金	参加评选、选拔优先 *
国家集训队其他选手	晋升一级职业资格		

* 参加中华技能大奖评选、享受国务院政府特殊津贴人员选拔时，在同等条件下优先。

获奖选手会被授予“全国技术能手”称号。获得金牌的选手，由相关职业资格认定机构颁发高级技师职业资格证书；获得银、铜、优胜奖牌的选手，由相关职业资格认定机构颁发技师职业资格证书。获奖选手还会获得不同档次的奖金，且奖金免税。获奖选手参加中华技能大奖评选、享受国务院政府特殊津贴人员选拔时，在同等条件下优先。集训选手由世界技能大赛中国组委会秘书处颁发荣誉证书，并在现有职业资格等级的基础上晋升一级职业资格，由相关职业资格认定机构颁发职业资格证书。

《人力资源社会保障部关于举办中华人民共和国第一届职业技能大赛的通知》规定：对各竞赛项目前 5 名获奖选手（团队双人赛项前 3 名、三人赛项前 2 名），授予“全国技术能手”称号。优胜奖以上选手可直接晋升技师（二级）职业资格或职业技能等级，已具有技师（二级）职业资格或职业技能等级的可晋升高级技师（一级）。

匠星闪耀

从世界技能大赛到中华人民共和国职业技能大赛，再到各级各类职业技能竞赛，新时代的技能青年拥有更多机会。能否吃透新项目、新技能、新规则，把握住机遇，是技能人才茁壮成长的关键。中华人民共和国第一届职业技能大赛中，陈彬彬、林伟桐、周新东等一众新手表现出的能力、获得的成绩，说明新一代技能人才在以赛促学、以赛促建的政策指引下可以发挥出巨大潜力。

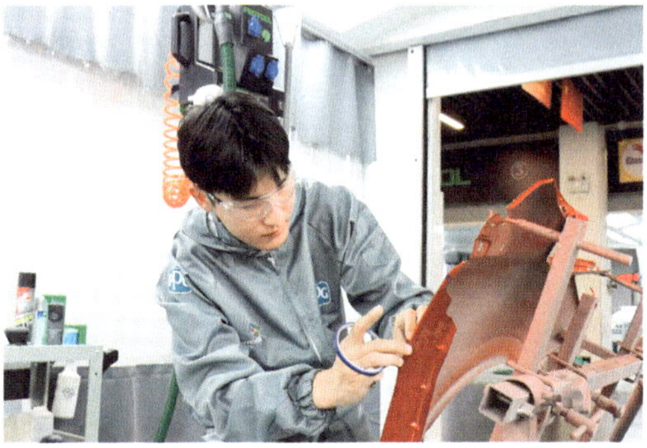

陈彬彬

2020年12月10日至13日，中华人民共和国第一届职业技能大赛在广州顺利举行。19岁的安徽小伙陈彬彬一举夺得汽车喷漆项目冠军，迎来了人生第一次高光时刻。几年前，陈彬彬到杭州技师学院学习汽车修理，学长杨金龙和蒋应成获世界技能大赛冠军的事迹鼓舞了他。在学校，他苦练技能，积极下厂实习，摸过各种各样的汽车，兴趣越来越浓厚。随着技艺突飞猛进，陈彬彬获得了参加中华人民共和国职业技能大赛的机会。成绩的背后离不开辛勤的付出。为了参赛，陈彬彬严格要求自己，日夜苦练。功夫不负有心人，最终他捧回了沉甸甸的全国冠军奖牌。但陈彬彬并没有停下脚步喘口气，而是开始了新的奋战，训练和学习仍是每天的主旋律。陈彬彬深知，前面还有更多的挑战在等待自己。将来，他也许是选手，也许是教练，也许是工作岗位上的新人。前途艰辛又充满吸引力，他要继续保持稳定的心态和竞技的状态，不断提高技能水平，如此才能站在时代的潮头。

林伟桐

增材制造对于多数职业技能竞赛来说都是新项目。来自广东省机械技师学院的林伟桐荣获中华人民共和国第一届职业技能大赛该项目冠军。他的教练张志坤曾获得第43届世界技能大赛数控铣项目金牌。面对新项目，应如何备赛？同为新手，张志坤决定带领林伟桐边学边教，共同摸索。增材制造项目的综合性很强，需要学习增材制造知识、技术、方法，同时要研读大量跨学科知识并加以实践。师徒二人勤学苦练，与时间赛跑。“通宵是常态！”林伟桐说。在这个过程中，师徒一起研究3D打印技术，共同总结，相互讨论，用理论知识解决实践中的问题，提高效率。同时，林伟桐也从张教练身上学到了严谨、专注、思考、耐心。这些养分，将滋养他的学业和事业在未来开出繁花。

技能面面观

增材制造项目

增材制造项目是融合了三维数据采集、计算机辅助设计、三维数字模型处理和材料加工与成型技术的竞赛项目。

中华人民共和国职业技能大赛赛场上，还有一位前无经验可鉴的选手，凭借一列“纯手工”打造、尺寸精准、工艺精美的小火车顺利拿下建筑金属构造项目冠军，他就是来自山东工程技师学院的周新东。周新东走向冠军的每一步都离不开直面挑战的勇气。在第45届世界技能大赛全国选拔赛中，周新东获全国第5名，他对这个结果并不满意，但是这更加坚定了他前行的决心："要以世界上最高的水平为目标，要不断提高。这是锻炼自己的一个好机会！"从那以后，周新东开始了魔鬼式训练，从早到晚待在实训室里，每两天就完成一套试题，每次训练整体分数必须超过93分，即使是因新冠肺炎疫情被隔离，也不停歇。竞赛之约，钢铁为伴，在极致完美、千锤百炼的追求中，周新东收获了脱胎换骨的欣悦，他的作品被教练评价为"工艺品"，"从外观质量上已经做到了极致"。这逐梦不息的火种，已经在周新东心中扎下了根，伴随他走向更为广阔的赛场。

周新东

技能面面观

建筑金属构造项目

建筑金属构造项目是按照图纸要求的结构形式、材料类型、尺寸精度和相应的标准，进行金属构件加工制作的竞赛项目。

从金属加工、模具制造、焊接等传统制造业项目，到移动机器人、云计算、新能源汽车等战略性新兴产业相关项目，再到美容、美发、烘焙、餐厅服务等服务业项目，今天，各级各类职业技能竞赛已经广泛覆盖了国民经济各个行业大类。时代给了我们机遇，也给了我们责任。历史的洪流滚滚向前，技能青年可乘竞赛之舟，奋楫扬帆，在技能成才、技能报国的征程中追逐梦想！

竞赛有我

四

大赛竞猜

以下各位选手在大赛结束后，走上了不同岗位，有的人进入生产一线，有的人则走上了教学岗位。他们都在凭借自己的技能为社会主义现代化建设贡献力量。请将他们按不同的岗位归类。

邹彬　梁攀　杨金龙　徐澳门　蔡叶昭　聂凤　曾正超　叶钟盛

①赛后进入生产一线的是：________________。

②赛后成为教师的是：________________。

践行不辍

回顾全书，谈谈“新时代、新技能、新梦想”与“技能成才、技能报国”有怎样的联系？从“新”字着手，谈谈自己怎样才能在社会主义现代化建设中实现自我价值。

总结表

“新”字的意义	我应当怎样做

请将这里的思考结果纳入绪论践行计划的后续设计。

● **重在参与**

学校要开展“职业技能竞赛主题日——匠心逐梦”宣传活动，正在向全体师生征集活动方案，要求线上线下联动，有应对突发情况的预案。请你把自己的方案写下来。